幼稚園數學
智力潛能開發 6

何秋光 著

新雅文化事業有限公司
www.sunya.com.hk

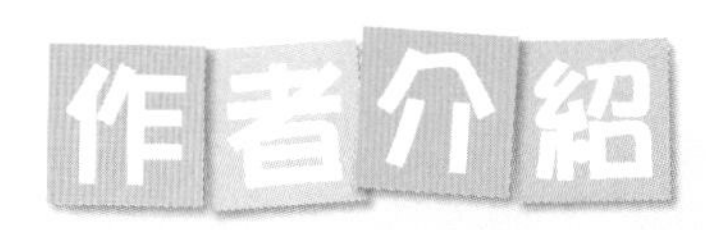

何秋光是中國著名幼兒數學教育專家、「兒童數學思維訓練」課程的創始人，北京師範大學實驗幼稚園專家。從業 40 餘年，是中國具豐富的兒童數學教學實踐經驗的學前教育專家。自 2000 年至今，由何秋光在北京師範大學實驗幼稚園創立的數學特色課「兒童數學思維訓練」一直深受廣大兒童、家長及學前教育工作者的喜愛。

幼稚園數學智力潛能開發⑥

作　　者：何秋光
責任編輯：陳志倩
美術設計：蔡學彰
出　　版：新雅文化事業有限公司
香港英皇道 499 號北角工業大廈 18 樓
電話：（852）2138 7998
傳真：（852）2597 4003
網址：http://www.sunya.com.hk
電郵：marketing@sunya.com.hk
發　　行：香港聯合書刊物流有限公司
香港荃灣德士古道220-248號荃灣工業中心16樓
電話：（852）2150 2100
傳真：（852）2407 3062
電郵：info@suplogistics.com.hk
印　　刷：中華商務彩色印刷有限公司
香港新界大埔汀麗路36號
版　　次：二〇一九年六月初版
二〇二二年五月第四次印刷

ISBN: 978-962-08-7286-0

18/F, North Point Industrial Building, 499 King's Road, Hong Kong
Published in Hong Kong, China
Printed in China

本系列是專為 3 至 6 歲兒童編寫的數學益智遊戲類圖書，讓兒童有系統地學習數學知識與訓練數學思維。全套共有 6 冊，全面展示兒童在幼稚園至初小階段應掌握的數學概念。

本系列根據兒童數學的教育目標和內容編寫而成，並配合兒童邏輯思維發展和認知能力，按照各年齡階段所應掌握的數學認知概念的先後順序，提供了數、量、形、空間、時間及思維等方面的訓練。在學習方式上，兒童可以通過觀察、剪貼、填色、連線、繪畫、拼圖等多種形式來進行活動，從而培養兒童對數學的興趣。

每冊的內容結合了數學和生活認知兩大方面，引導兒童發現原來生活中許多問題都與數學息息相關，並透過有趣而富挑戰性的遊戲，開發孩子的數學潛能，希望兒童能夠從這套圖書中獲得更多的數學知識和樂趣。

六冊學習大綱

冊數	數學概念	學習範疇
第 1 冊	比較和配對	按大小、圖案、外形和特性配對
	分類	相同和不相同；按大小、顏色、形狀、特徵分類
	比較和排序	按大小、長短、高矮、規律排序
	幾何圖形	正方形、三角形、圓形
	空間和方位	上下、裏外
	時間	早上和晚上
	1 和許多	認識 1 的數字和數量；比較 1 和許多的分別
	認識 5 以內的數	認識 1-5 的數字和數量
第 2 冊	分類	相同和不相同、按特徵分類、一級分類、多角度分類
	比較和排序	規律排序、比較大小、長短、高矮、粗幼、厚薄和排序
	空間和方位	上下、中間、旁邊、前後、裏外
	幾何圖形	正方形、長方形、梯形、三角形、圓形、半圓形、橢圓形、圖形組合、圖形規律、圖形判斷
第 3 冊	10 以內的數	1-10 的數字和數量、數量比較、序數、10 以內相鄰兩數的關係、相鄰兩數的轉換、10 以內的數量守恆
	思維訓練綜合練習	序數、數數、方向、規律、排序、邏輯推理

冊數	數學概念	學習範疇
第 4 冊	分類	按兩個特徵組圖、按屬性分類、按關係分類、多角度分類、分類與統計
	規律排序	規律排序、遞增排序、遞減排序、自定規律排序
	正逆排序	按大小、長短、高矮、闊窄、厚薄、輕重、粗幼排序
	守恒和量的推理	長短、面積、體積、量的推理、測量與函數的關係
	空間和方位	上下、裏外、遠近、左右
	時間	正點、半點、時間和順序、月曆
第 5 冊	平面圖形	正方形、長方形、圓形、三角形、梯形、菱形、圖形比較、圖形組合、圖形創意
	立體圖形	正方體、長方體、球體、圓柱體、形體判斷、形體組合
	等分	二等分、四等分、辨別等分、數的等分
	數的比較	大於、少於、等於
	10 以內的數	單數和雙數、序數、相鄰數、數量守恒
	添上和去掉	加與減的概念
	書寫數字 0-10	數字的寫法
第 6 冊	5 以內的加減	2-5 的基本組合、加法應用題、減法應用題、多角度分類、橫式、直式
	10 以內的加減	6-10 的基本組合、加法應用題、減法應用題、多角度分類、橫式、直式

目錄

5 以內的加減

10 以內的加減

認識數字的基本組合

分數字

請你看看下面有關數字的基本組合的介紹。

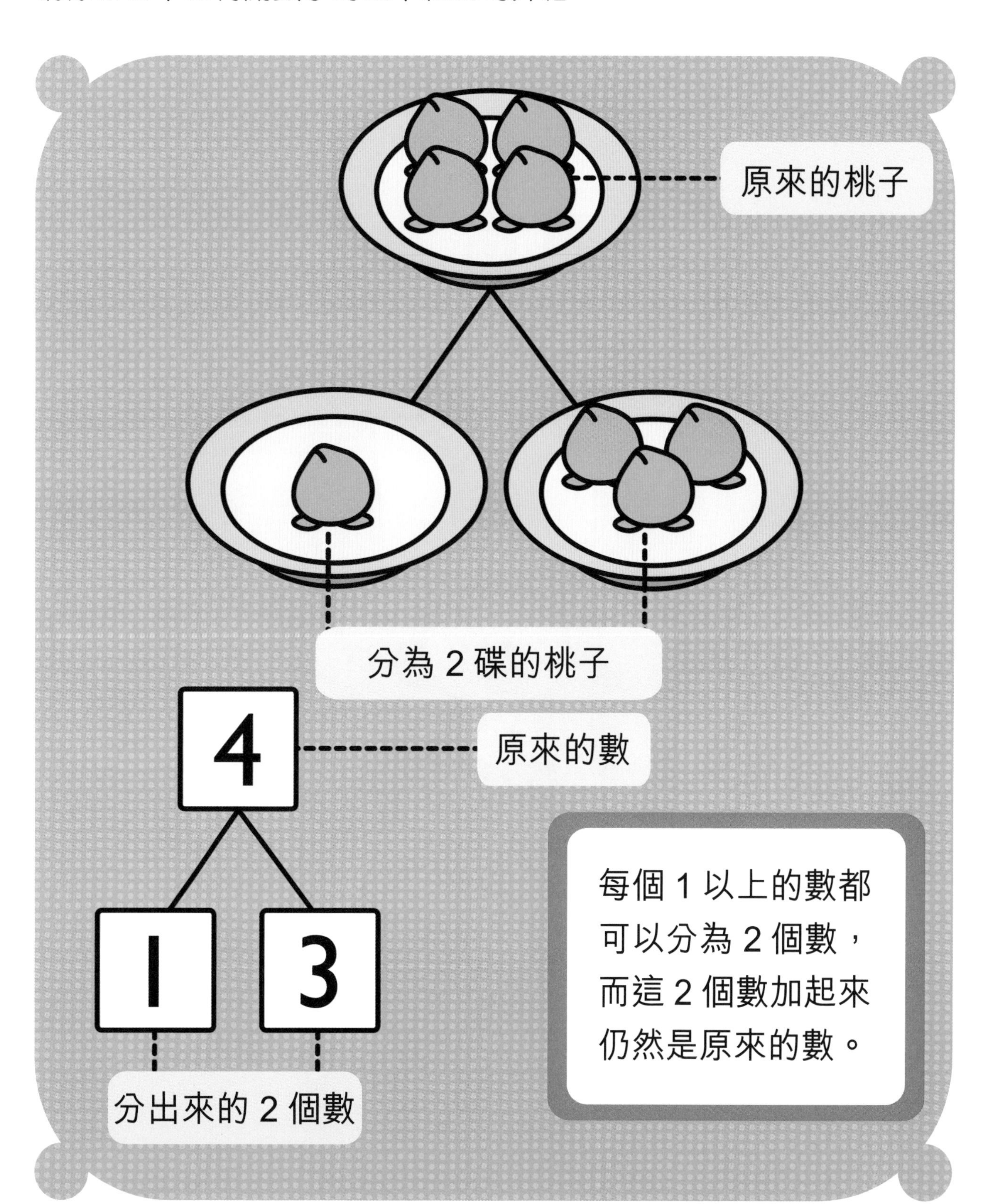

認識加號

猴子的桃子

加號表示增加。請你看看以下的算式，認識「加數」、「加號」、「等號」以及「和」吧。

認識減號

小貓吃魚

減號表示減去。請你看看以下的算式，認識「被減數」、「減號」、「減數」、「等號」以及「差」吧。

2和3的基本組合

看圖分數字

請你仔細觀察下面的圖畫，然後想一想，並在圓圈裏填上正確的數字。

4 的基本組合

分西瓜

請你仔細想一想，如果把 4 個西瓜分到 2 個竹筐裏，可以有多少種不同的分法呢？請你把西瓜分為 2 組圈起來，並在圓圈裏填上數字。

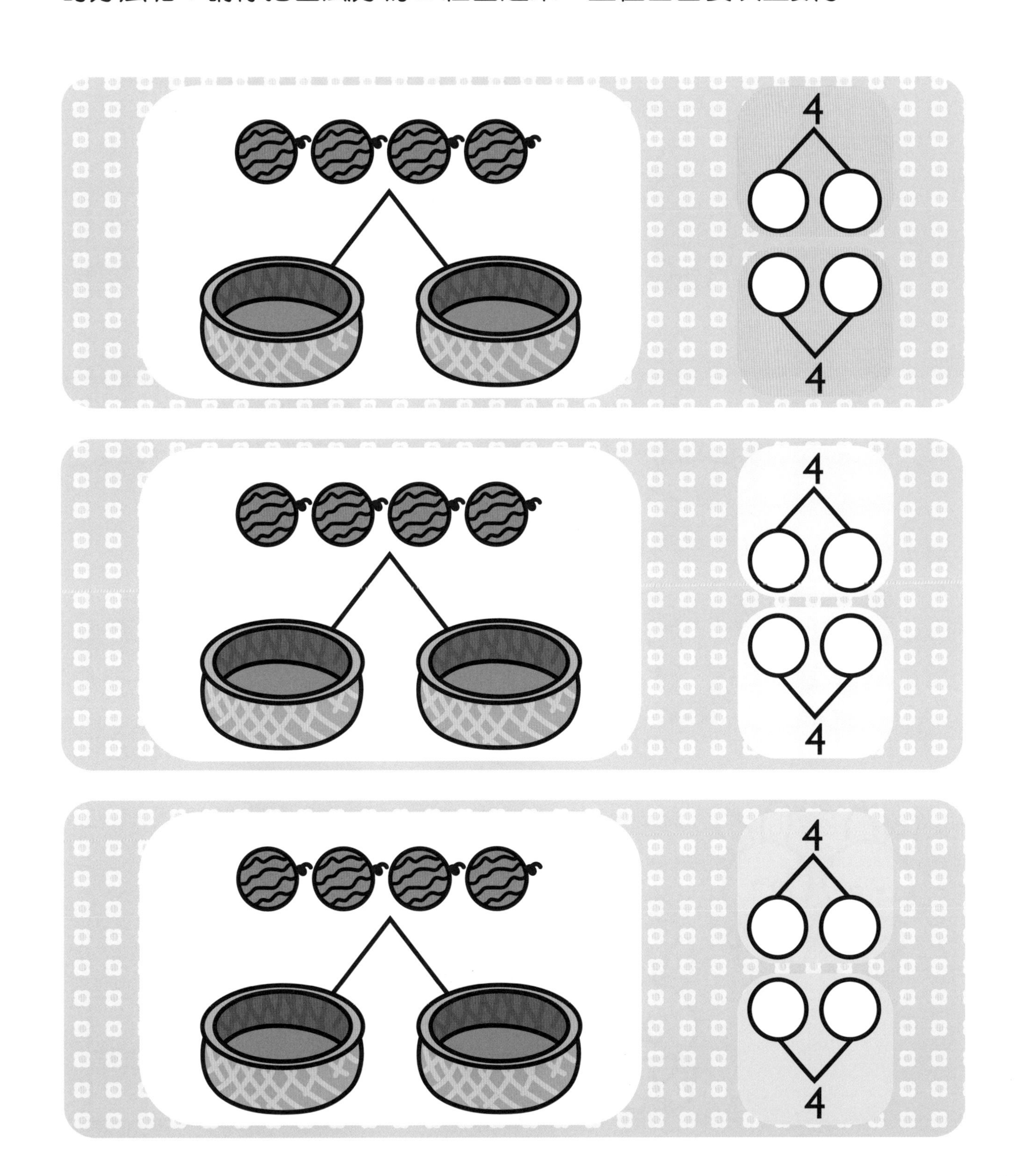

4的加法應用題和算式

小動物有多少？

請你根據圖畫的內容，自行編寫加法應用題，並完成下面的算式。

4 的減法應用題和算式

動物算算看

請你根據圖畫的內容，自行編寫減法應用題，並完成下面的算式。

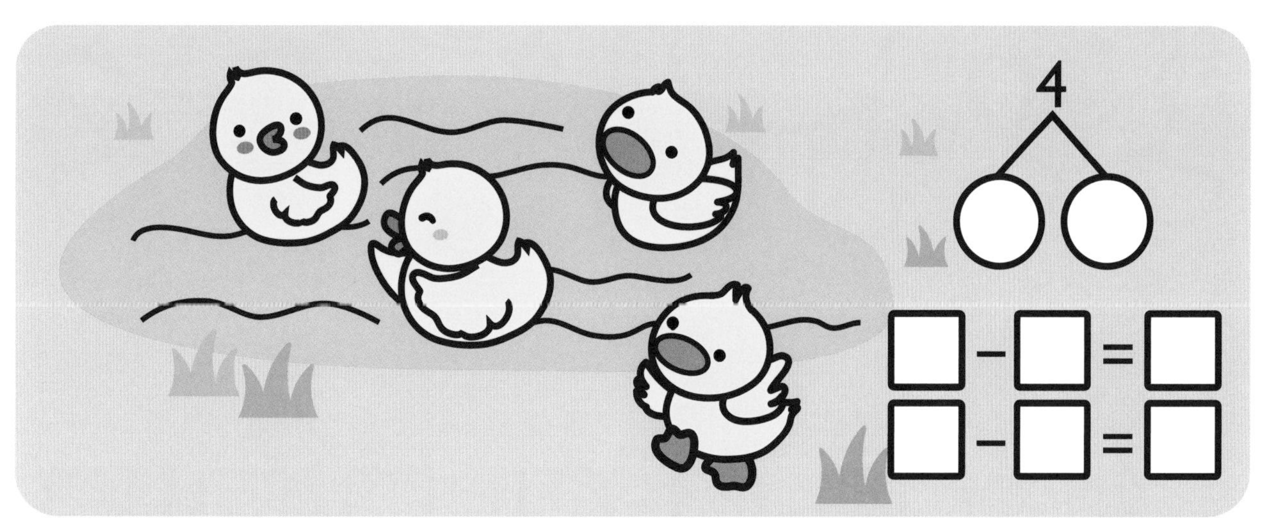

4 的多角度分類和算式

小熊分一分

請你仔細觀察下面的圖畫，再用 2 種分法給動物們分類，並寫出相應的算式。（提示：動物們是什麼顏色的？牠們是坐着的還是站着的？）

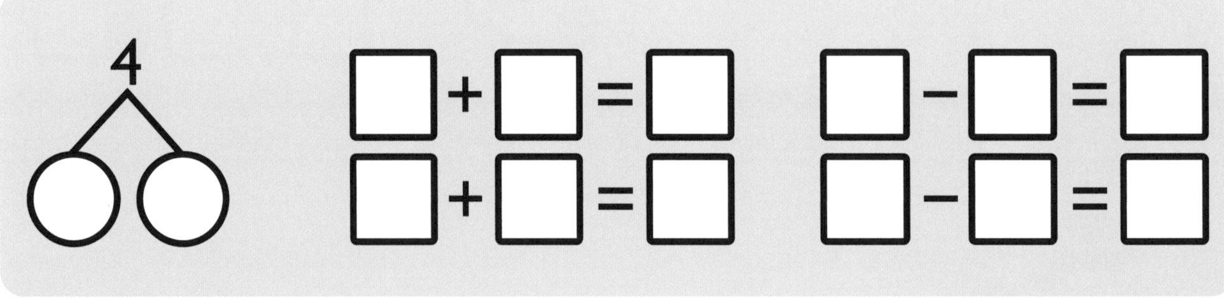

4

□ + □ = □　　□ − □ = □

5 的基本組合

分皮球

請你仔細想一想，如果把 5 個皮球分為 2 組，可以有多少種不同的分法呢？請你把每種分法分別填在方格裏。

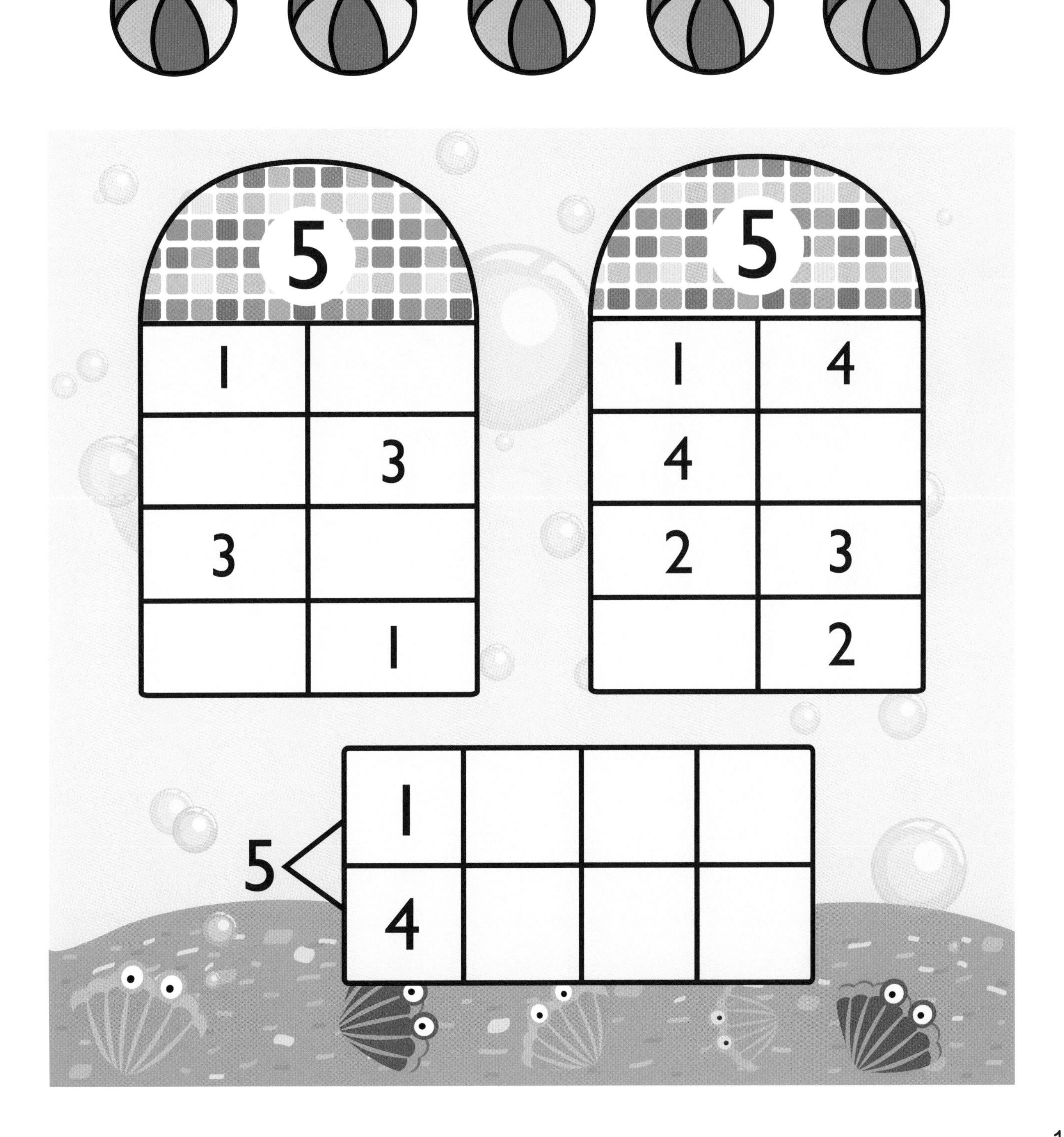

5 的加法應用題和算式

不同的動物

請你根據圖畫的內容，自行編寫加法應用題，並完成下面的算式。

5 的減法應用題和算式

動物吃水果

請你根據圖畫的內容，自行編寫減法應用題，並完成下面的算式。

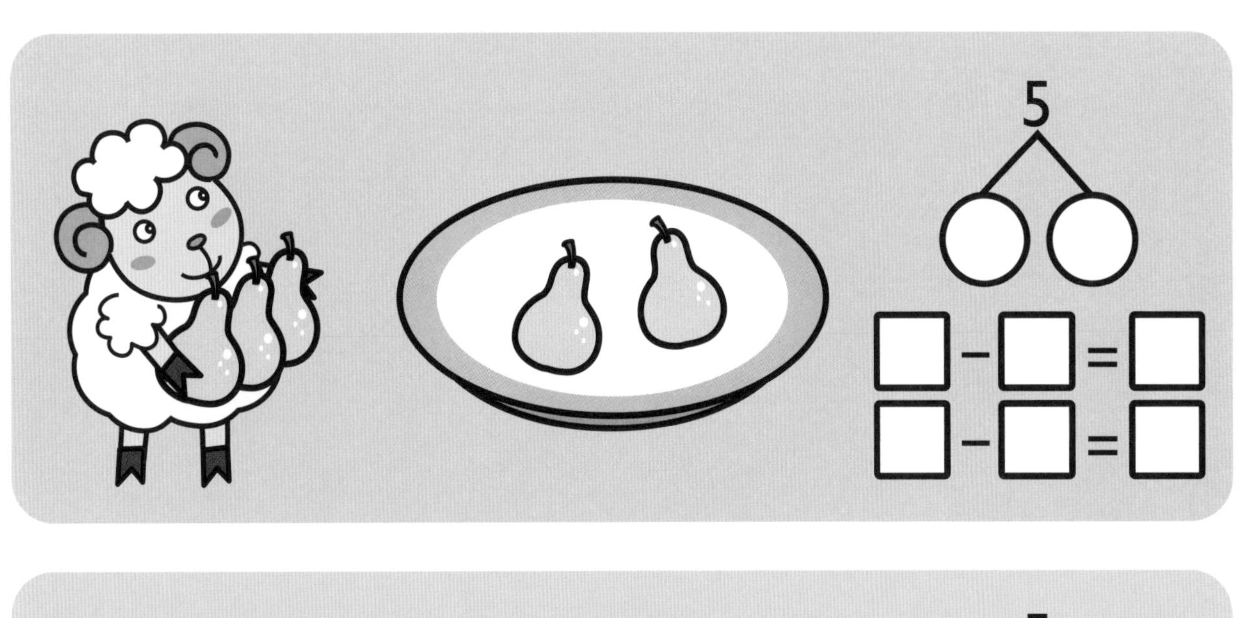

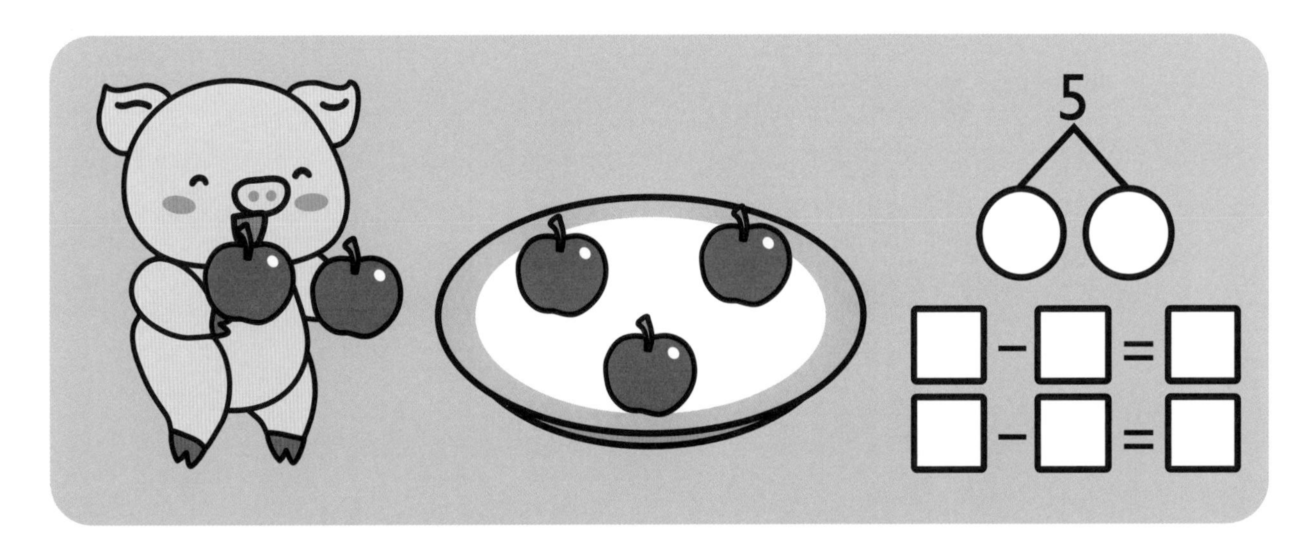

5 的多角度分類和算式

小馬分一分

請你仔細觀察下面的圖畫，再用 2 種分法給小馬分類，並寫出相應的算式。（提示：小馬是什麼顏色的？牠們的大小相同嗎？）

5

○ ○

□ + □ = □
□ + □ = □
□ − □ = □
□ − □ = □

5

○ ○

□ + □ = □
□ + □ = □
□ − □ = □
□ − □ = □

5 以內的加法應用題（一）

動物數數看

請你按照下面的指示回答問題。

樹上有 3 隻小鳥，又有 2 隻小鳥飛來了，現在共有多少隻小鳥？

蓮葉上有 2 隻小青蛙，又有 3 隻小青蛙跳過來了，現在共有多少隻小青蛙？

草地上有 4 隻小松鼠，又有 1 隻小松鼠跑過來了，現在共有多少隻小松鼠？

□ + □ = □

5 以內的加法應用題（二）

遊樂場裏的小孩

請你根據圖畫的內容，自行編寫加法應用題，並完成下面的算式。

□ + □ = □

□ + □ = □

□ + □ = □

5 以內的加法應用題（三）

有多少隻動物？

請你根據圖畫的內容，自行編寫加法應用題，並完成下面的算式。

5 以內的加法應用題（四）

農場裏的動物

請你根據圖畫的內容，自行編寫加法應用題，並完成下面的算式。

5 以內的減法應用題(一)

還剩下多少？

請你按照下面的指示回答問題。

河裏有 5 隻鴨子，其中 1 隻鴨子游走了，還剩下多少隻鴨子？

小豬有 4 個皮球，有一天小貓來到小豬家玩耍，小豬送了 2 個皮球給小貓，小豬還剩下多少個皮球？

花園裏有 5 朵花，小狗摘去了 2 朵，花園裏還剩下多少朵花？

5 以內的減法應用題（二）

齊來算一算

請你根據圖畫的內容，自行編寫減法應用題，並完成下面的算式。

5 以內的減法應用題（三）

算一算有多少

請你根據圖畫的內容，自行編寫減法應用題，並完成下面的算式。

5 以內的減法應用題（四）

吃掉的食物

請你根據圖畫的內容，自行編寫減法應用題，並完成下面的算式。

5 以內的加法橫式（一）

動物算一算

請你根據圖畫的內容，完成下面的橫式。

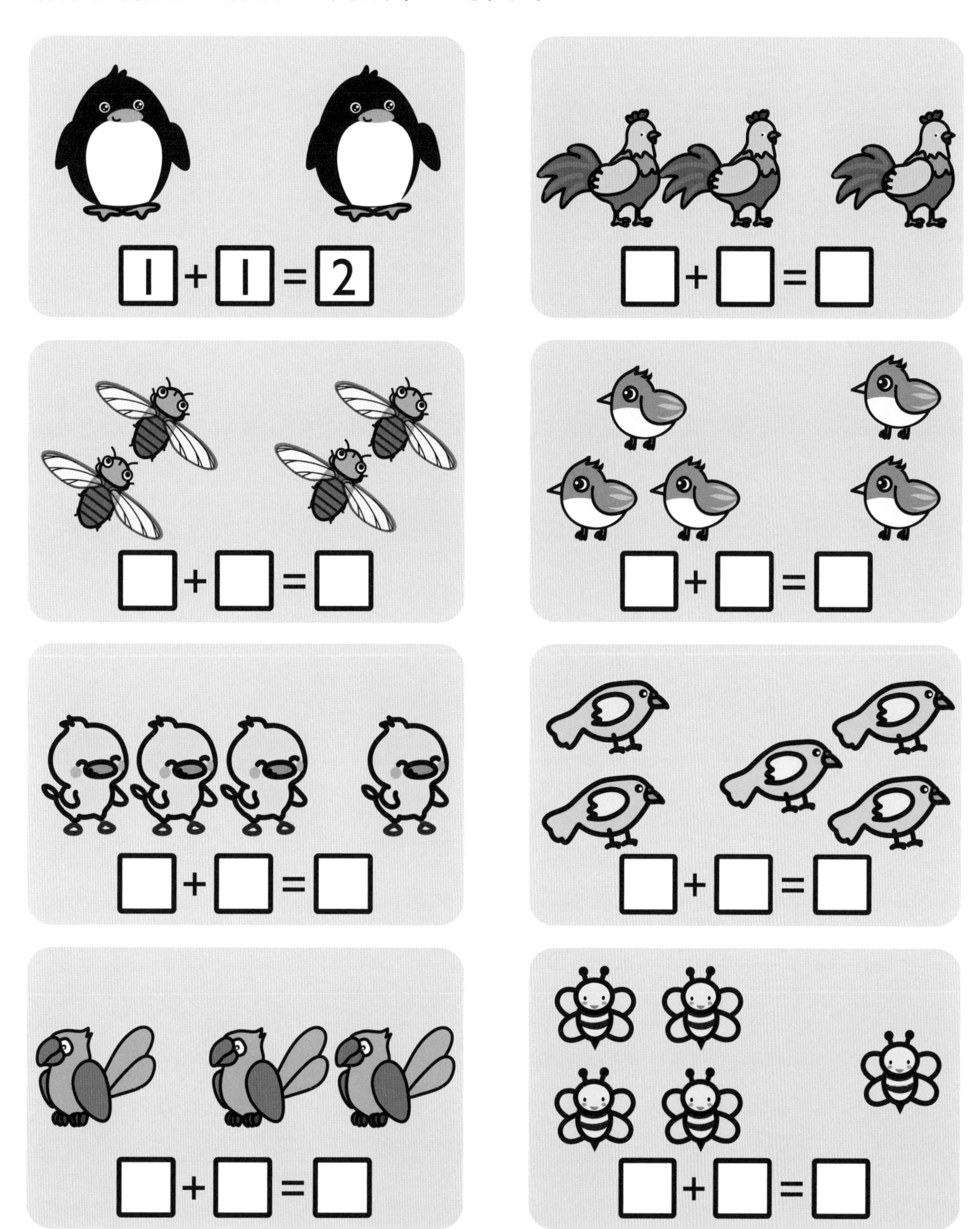

5 以內的加法橫式（二）

動物的數量

請你根據圖畫的內容，完成下面的橫式。

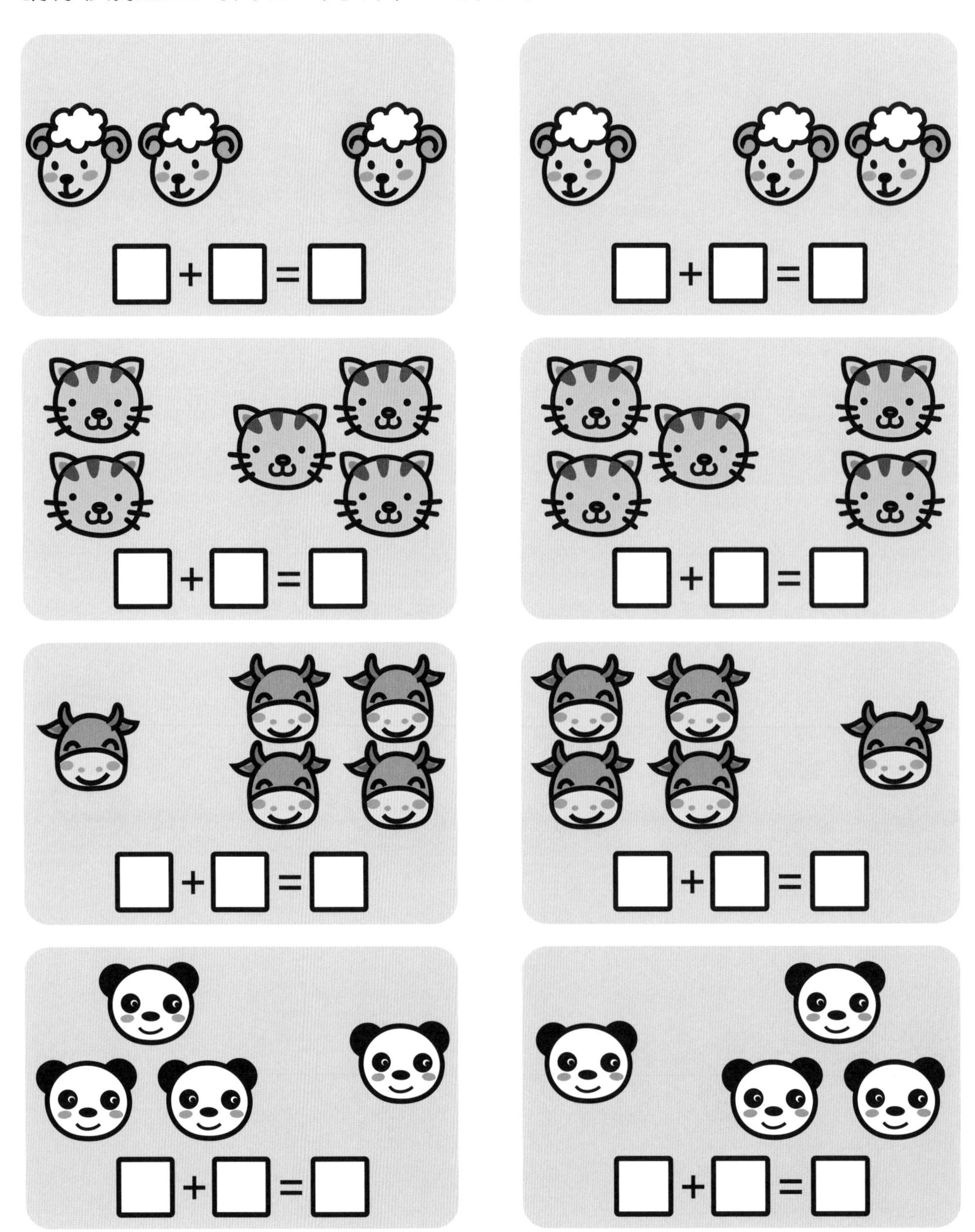

5 以內的加法直式（一）

水果算一算

請你根據圖畫的內容，完成下面的直式。

$$\begin{array}{r} 2 \\ +\ 1 \\ \hline \square \end{array}$$

$$\begin{array}{r} 3 \\ +\ 1 \\ \hline \square \end{array}$$

$$\begin{array}{r} 1 \\ +\ 2 \\ \hline \square \end{array}$$

$$\begin{array}{r} 2 \\ +\ 2 \\ \hline \square \end{array}$$

$$\begin{array}{r} 3 \\ +\ 2 \\ \hline \square \end{array}$$

$$\begin{array}{r} 1 \\ +\ 4 \\ \hline \square \end{array}$$

$$\begin{array}{r} 4 \\ +\ 1 \\ \hline \square \end{array}$$

$$\begin{array}{r} 2 \\ +\ 3 \\ \hline \square \end{array}$$

5 以內的加法直式（二）

運動用品算一算

請你根據圖畫的內容，完成下面的直式。

$$\begin{array}{r} 1 \\ +\ 3 \\ \hline \square \end{array}$$

$$\begin{array}{r} 3 \\ +\ 1 \\ \hline \square \end{array}$$

$$\begin{array}{r} 2 \\ +\ 3 \\ \hline \square \end{array}$$

$$\begin{array}{r} 3 \\ +\ 2 \\ \hline \square \end{array}$$

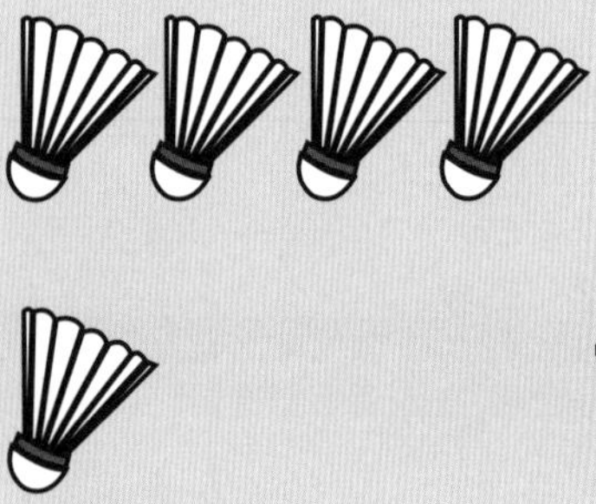

$$\begin{array}{r} 4 \\ +\ 1 \\ \hline \square \end{array}$$

$$\begin{array}{r} 1 \\ +\ 4 \\ \hline \square \end{array}$$

$$\begin{array}{r} 1 \\ +\ 2 \\ \hline \square \end{array}$$

$$\begin{array}{r} 2 \\ +\ 1 \\ \hline \square \end{array}$$

5 以內的加法橫式和直式

家居用品算一算

請你根據圖畫的內容，完成下面的橫式和直式。

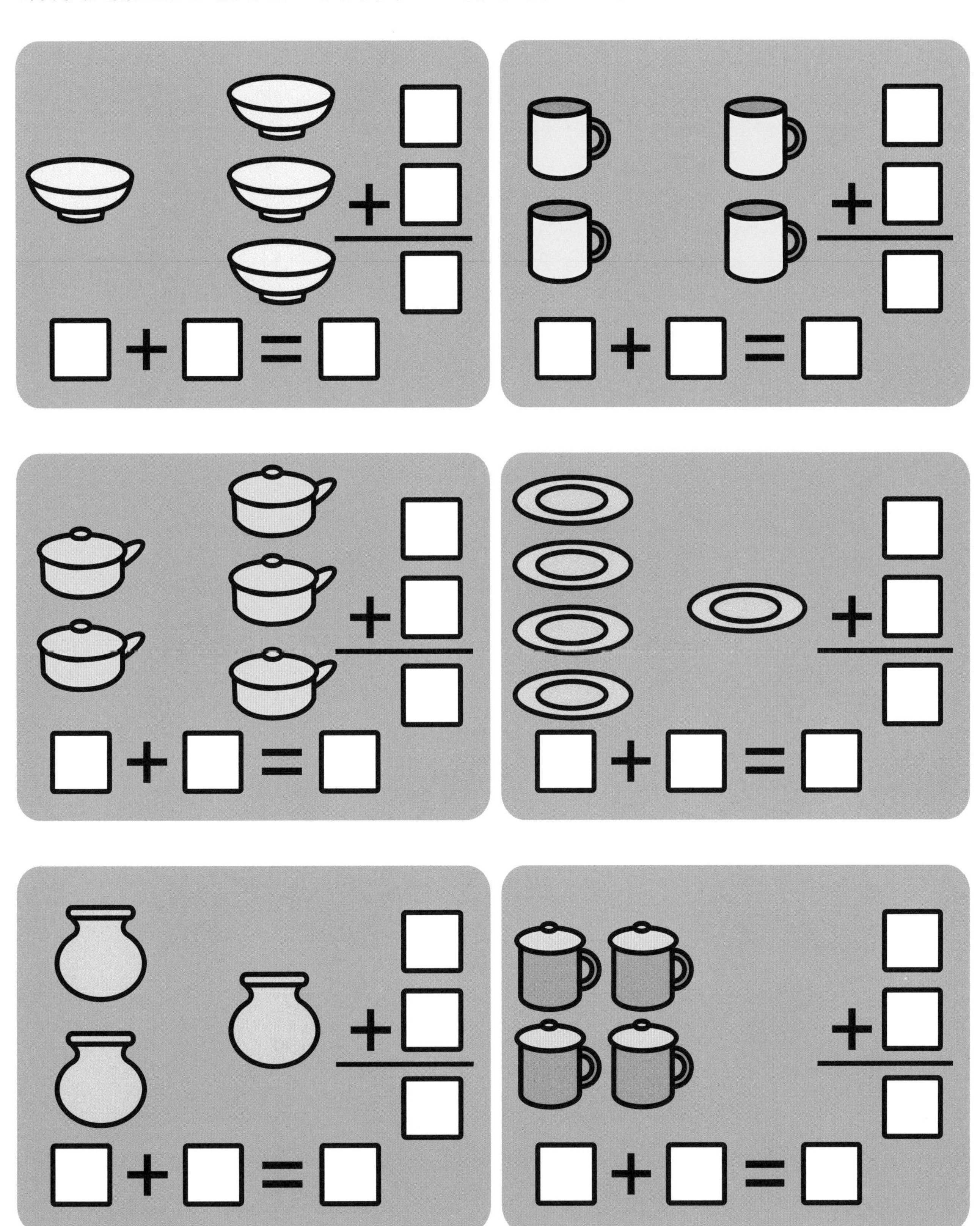

5 以內的減法橫式（一）

蔬菜算一算

請你根據圖畫的內容，完成下面的橫式。

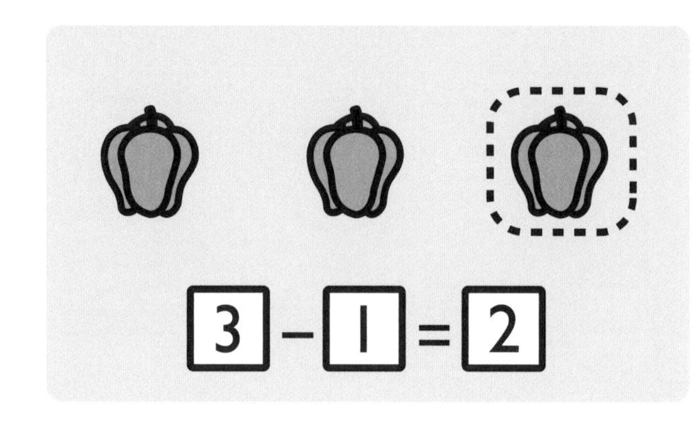

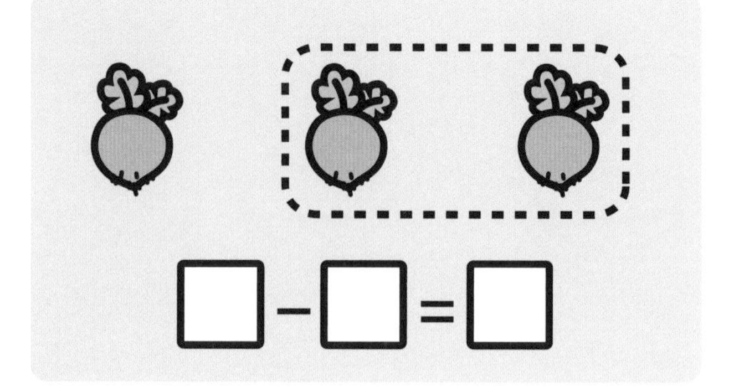

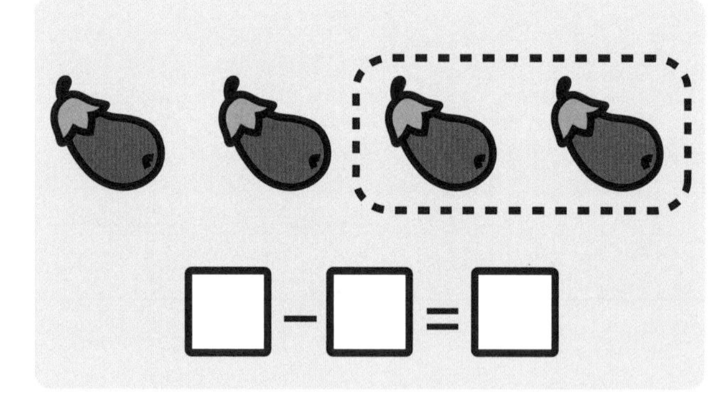

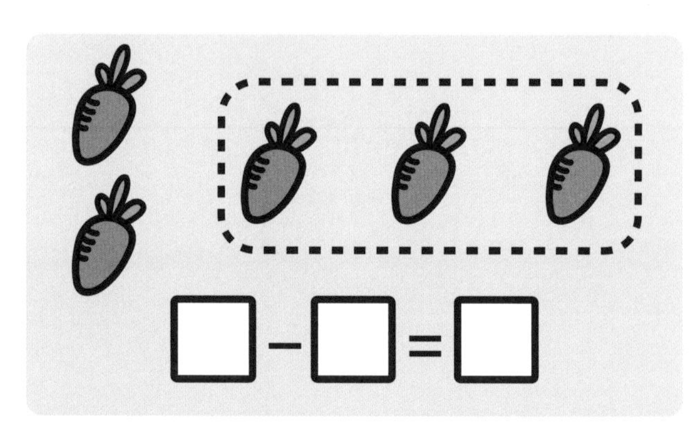

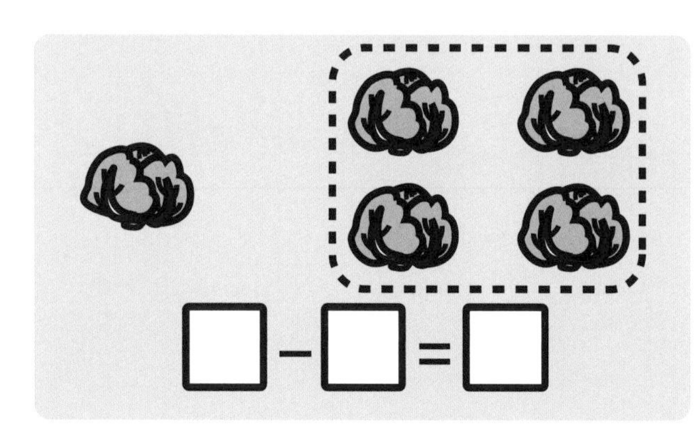

5 以內的減法橫式（二）

減去的水果

請你根據圖畫的內容，完成下面的橫式。

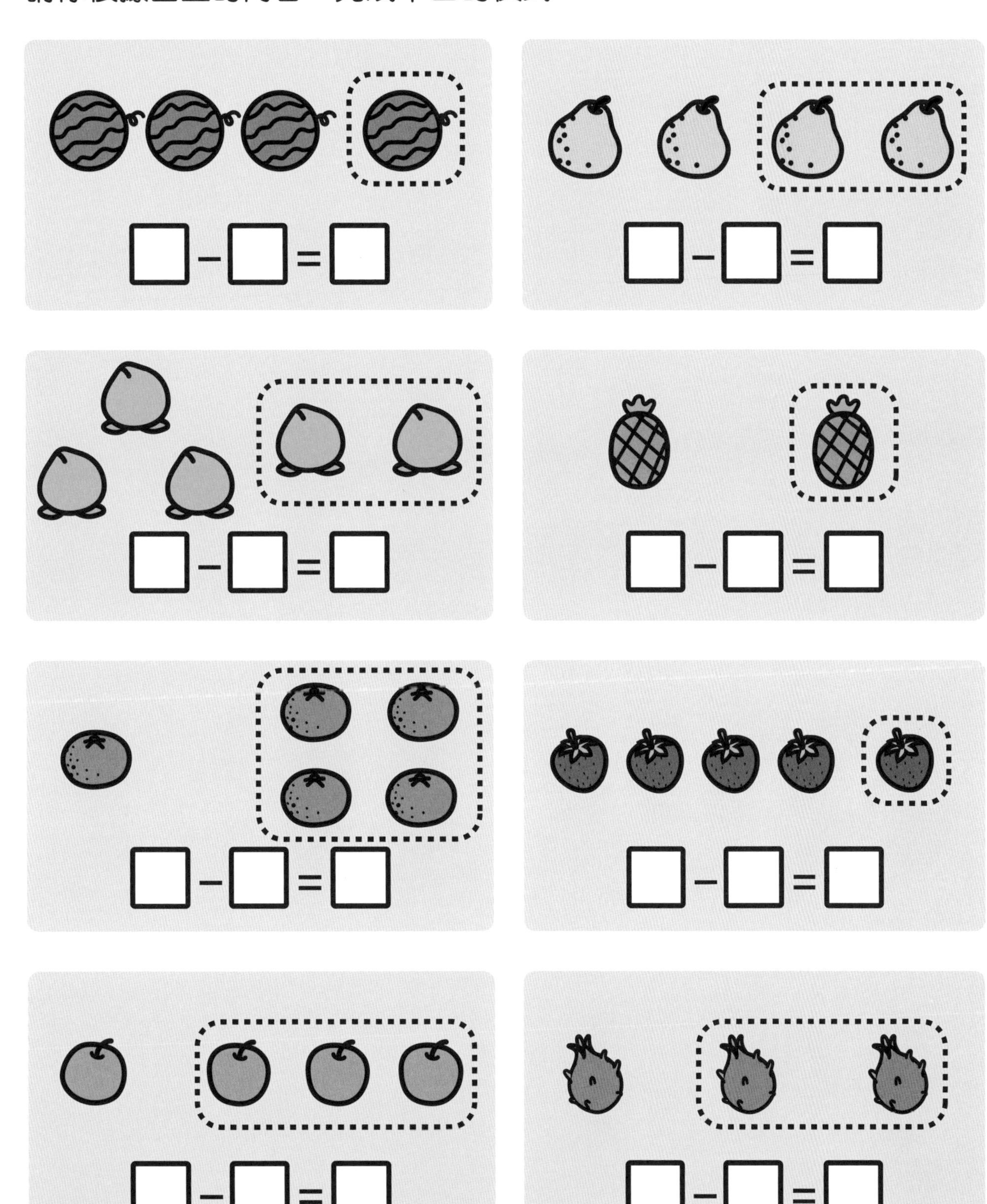

5 以內的減法直式（一）

減去的物品

請你根據圖畫的內容，完成下面的直式。

$$\begin{array}{r} 3 \\ -\ 2 \\ \hline \square \end{array}$$

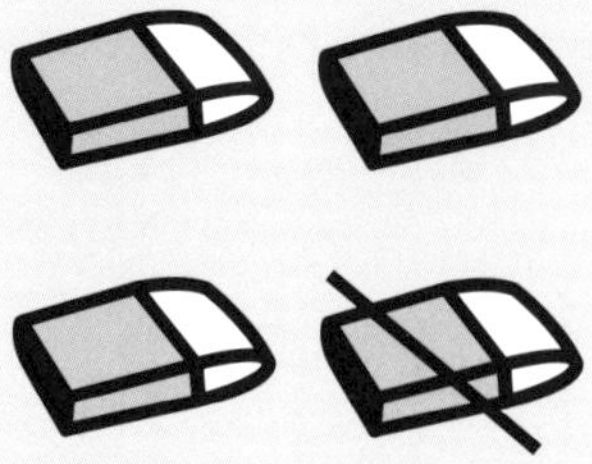

$$\begin{array}{r} 4 \\ -\ 1 \\ \hline \square \end{array}$$

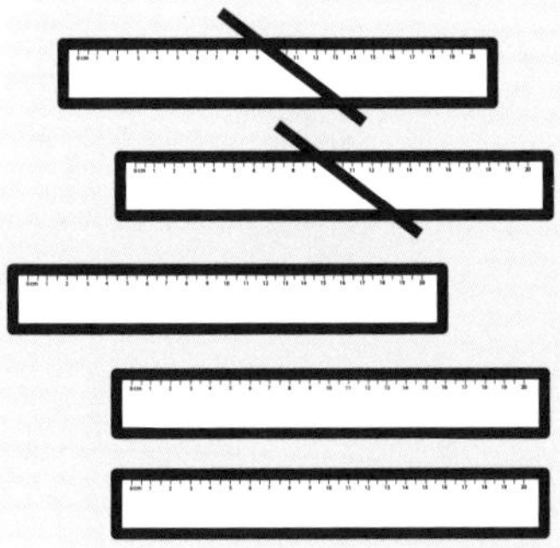

$$\begin{array}{r} 5 \\ -\ 2 \\ \hline \square \end{array}$$

$$\begin{array}{r} 4 \\ -\ 2 \\ \hline \square \end{array}$$

$$\begin{array}{r} 5 \\ -\ 4 \\ \hline \square \end{array}$$

$$\begin{array}{r} 4 \\ -\ 3 \\ \hline \square \end{array}$$

$$\begin{array}{r} 3 \\ -\ 2 \\ \hline \square \end{array}$$

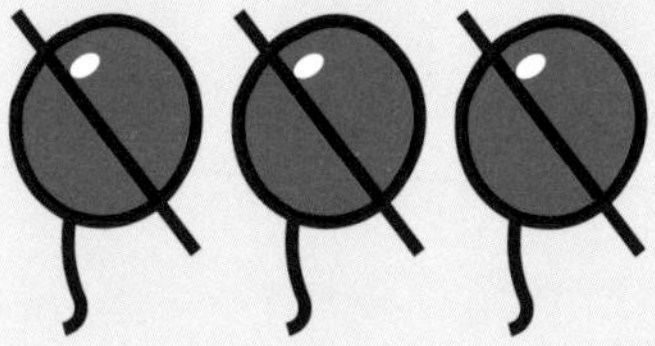

$$\begin{array}{r} 3 \\ -\ 3 \\ \hline \square \end{array}$$

5 以內的減法直式（二）

圖形算一算

請你根據圖畫的內容，完成下面的直式。

$$\begin{array}{r} 4 \\ -\ 1 \\ \hline \square \end{array}$$

$$\begin{array}{r} 4 \\ -\ 2 \\ \hline \square \end{array}$$

$$\begin{array}{r} 4 \\ -\ 3 \\ \hline \square \end{array}$$

$$\begin{array}{r} 4 \\ -\ 4 \\ \hline \square \end{array}$$

$$\begin{array}{r} 5 \\ -\ 1 \\ \hline \square \end{array}$$

$$\begin{array}{r} 5 \\ -\ 2 \\ \hline \square \end{array}$$

$$\begin{array}{r} 5 \\ -\ 3 \\ \hline \square \end{array}$$

$$\begin{array}{r} 5 \\ -\ 4 \\ \hline \square \end{array}$$

5 以內的減法橫式和直式

鳥類算一算

請你根據圖畫的內容，完成下面的橫式和直式。

6 的基本組合

分小花

請你仔細想一想，如果把 6 朵小花分到 2 個花瓶裏，可以有多少種不同的分法呢？請你在花瓶裏畫上小花，並把每種分法分別填在方格裏，再說一說它們有什麼規律。

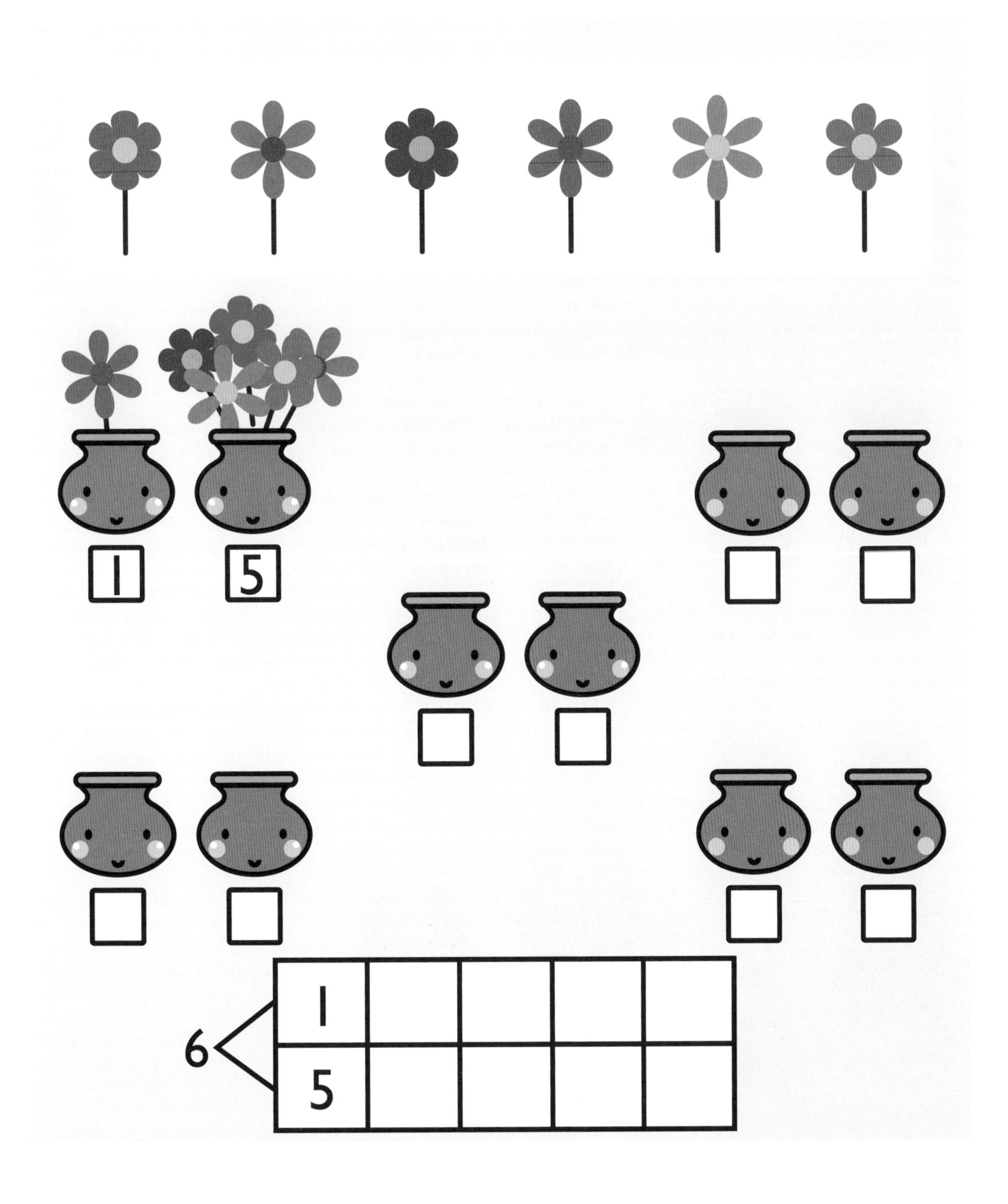

6 的加法應用題和算式

海洋動物算一算

請你根據圖畫的內容，自行編寫加法應用題，並完成下面的算式。

6 的減法應用題和算式

美味的食物

請你根據圖畫的內容，自行編寫減法應用題，並完成下面的算式。

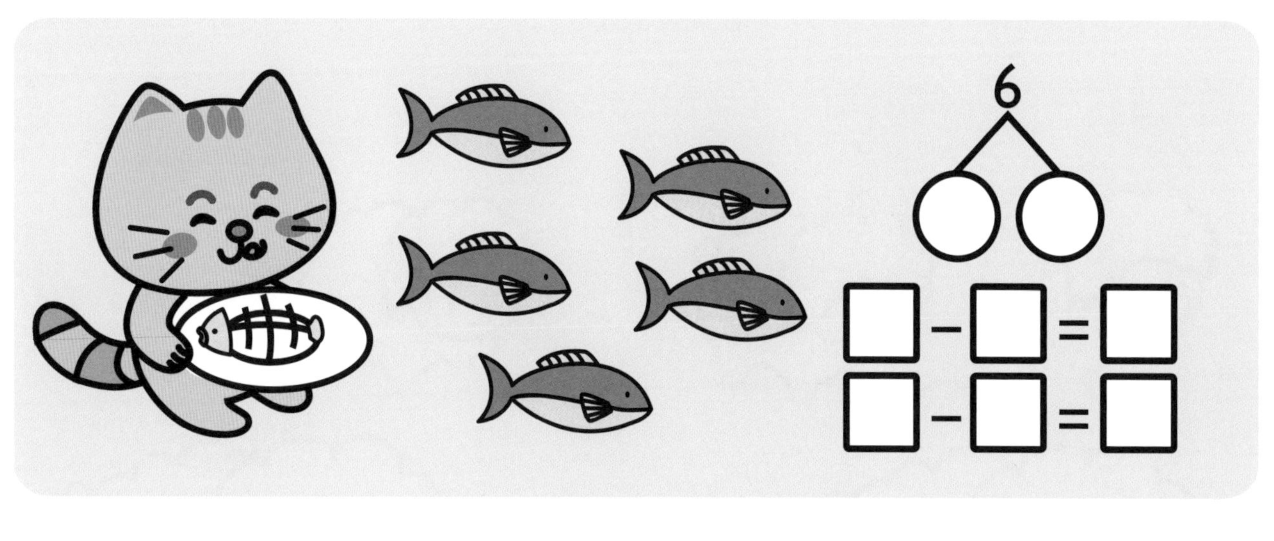

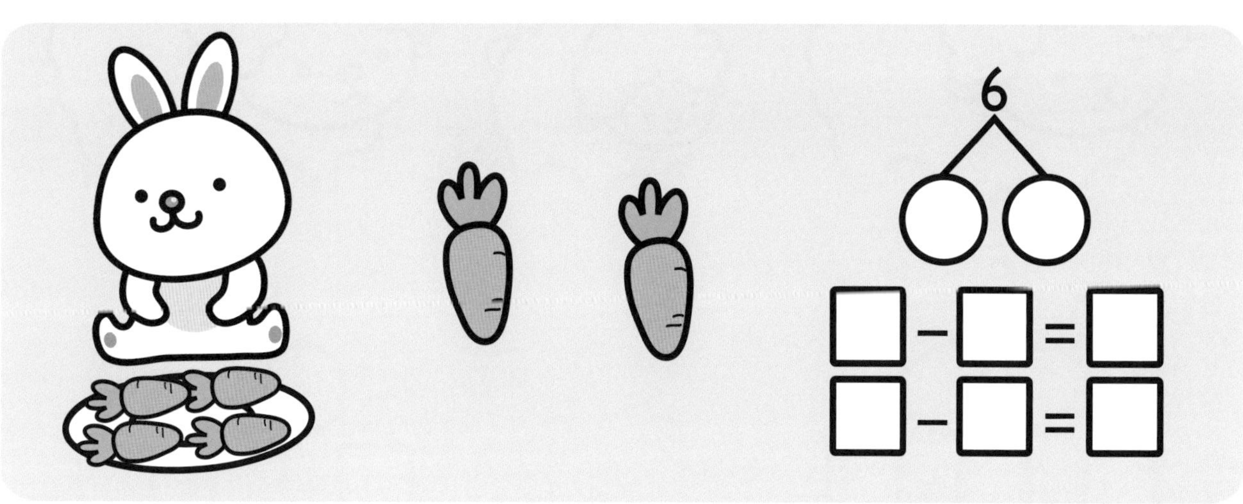

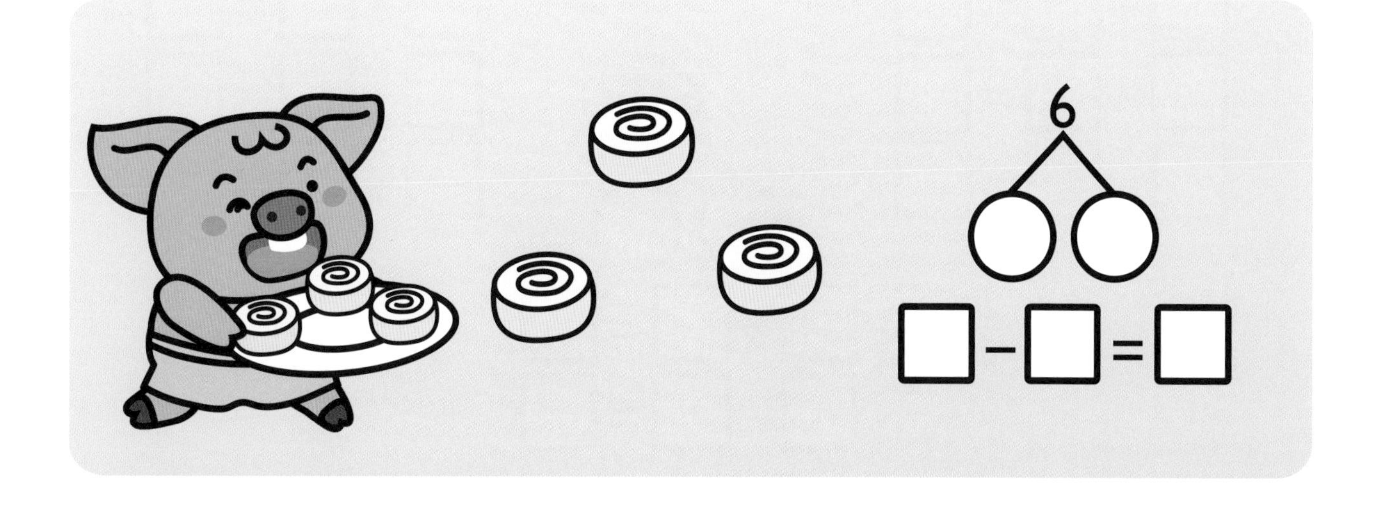

6 的多角度分類和算式

小羊分一分

請你仔細觀察下面的圖畫，然後用 3 種分法給小羊分類，並寫上相應的算式。

6 的加法橫式和直式

各種各樣的動物

請你根據圖畫的內容，完成下面的橫式和直式。

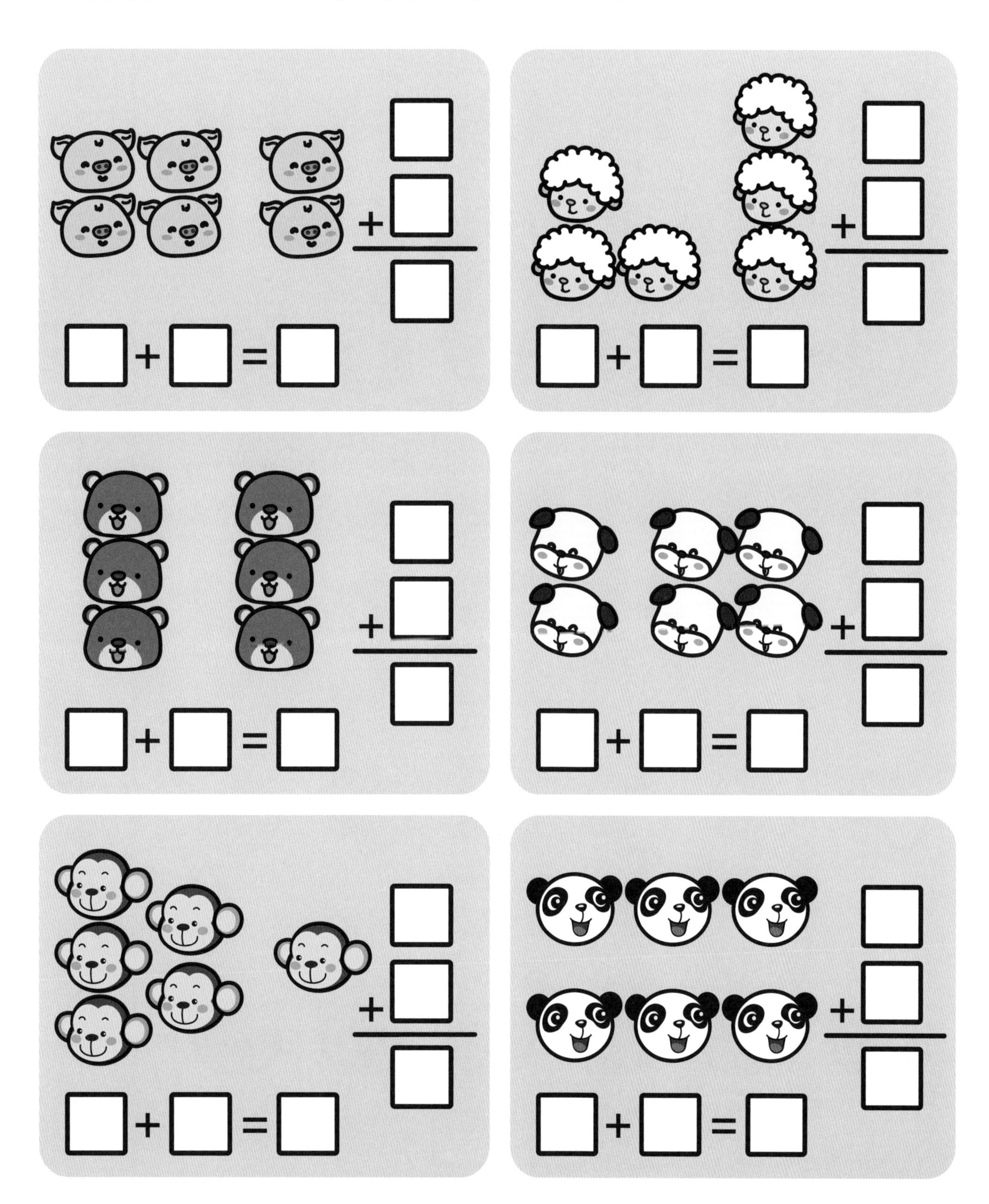

6 的減法橫式和直式

動物減一減

請你根據圖畫的內容，完成下面的橫式和直式。

□ − □ = □

□ − □ = □

□ − □ = □

□ − □ = □

□ − □ = □

6 以內的加減（一）

小企鵝找媽媽

請你算一算每隻小企鵝身上的算式，然後看看算式的結果和哪個企鵝媽媽身上的數字相同，把小企鵝填上和那個企鵝媽媽相同的顏色。

6 以內的加減（二）

轉盤上的數字

請你觀察小朋友身上的數字和他們舉起的轉盤，然後在每組轉盤裏填上 1 個數字，讓每組轉盤的數字加起來和小朋友身上的數字相等。

7 的基本組合

分足球

請你仔細觀察下面每排的足球，按照每排比上一排多 1 個有顏色的足球的規律，給這些足球填上黃色，並在方格裏分別填上有顏色的足球和沒有顏色的足球的數量，再說一說它們有什麼規律。

足球		
⚽⚽⚽⚽⚽⚽⚽	7	
⚽⚽⚽⚽⚽⚽⚽	1	6
⚽⚽⚽⚽⚽⚽⚽		
⚽⚽⚽⚽⚽⚽⚽		
⚽⚽⚽⚽⚽⚽⚽		
⚽⚽⚽⚽⚽⚽⚽		
⚽⚽⚽⚽⚽⚽⚽		

7 的加法應用題和算式

小朋友齊玩遊戲

請你根據圖畫的內容，自行編寫加法應用題，並完成下面的算式。

7 的減法應用題和算式

活潑的小動物

請你根據圖畫的內容，自行編寫減法應用題，並完成下面的算式。

7 的多角度分類和算式

分猴子

請你仔細觀察下面的圖畫，然後用 3 種分法給猴子分類，並寫上相應的算式。

7 的加法橫式和直式

交通工具算一算

請你根據圖畫的內容，完成下面的橫式和直式。

□ + □ = □

□ + □ = □

□ + □ = □

□ + □ = □

□ + □ = □

□ + □ = □

7 的減法橫式和直式

海洋動物算一算

請你根據圖畫的內容，完成下面的橫式和直式。

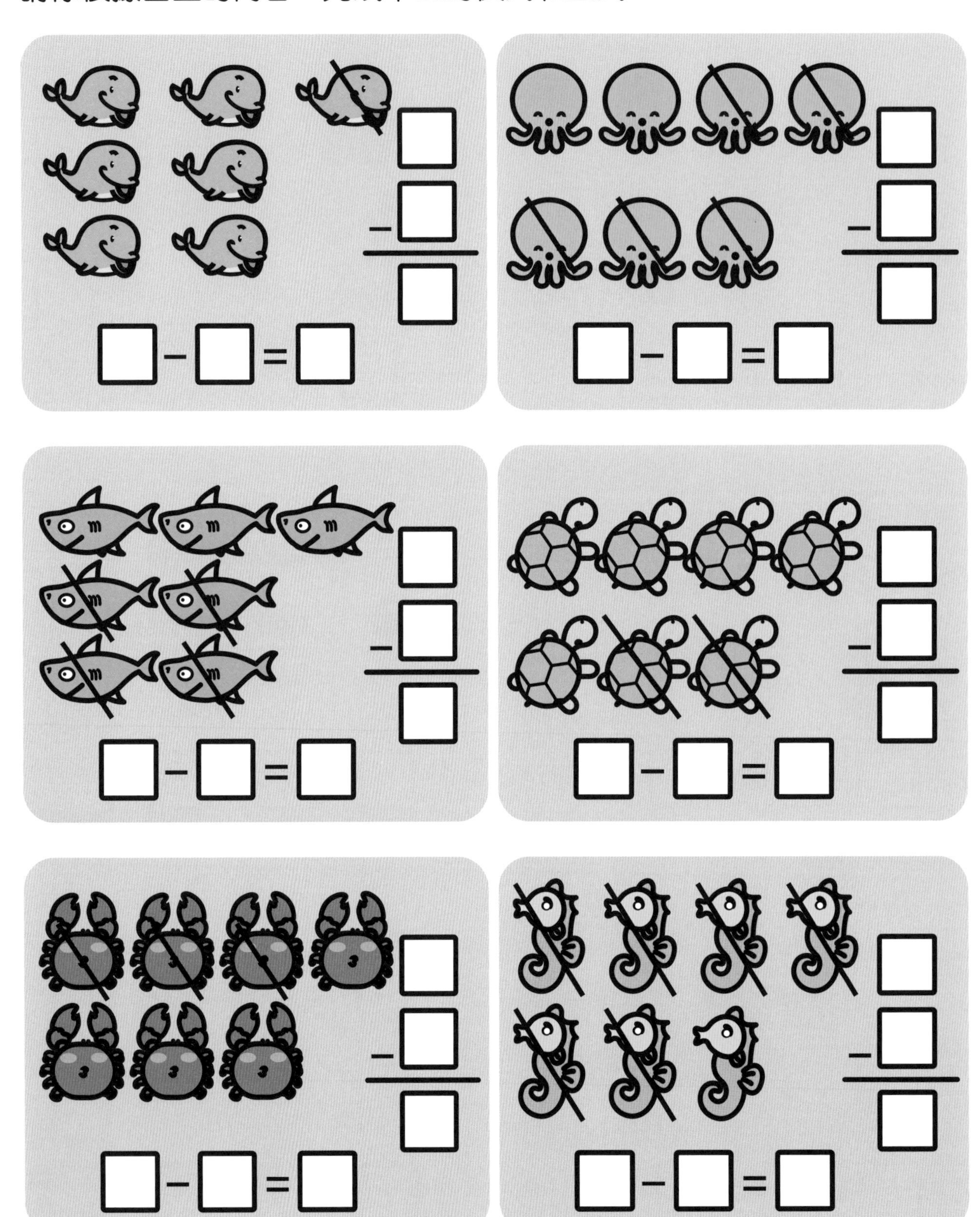

7 以內的加減（一）

信封與郵筒

請你算一算每個信封上面的算式，然後看看算式的結果和哪個郵筒上的數字相同，用線把信封和相配的郵筒連起來。

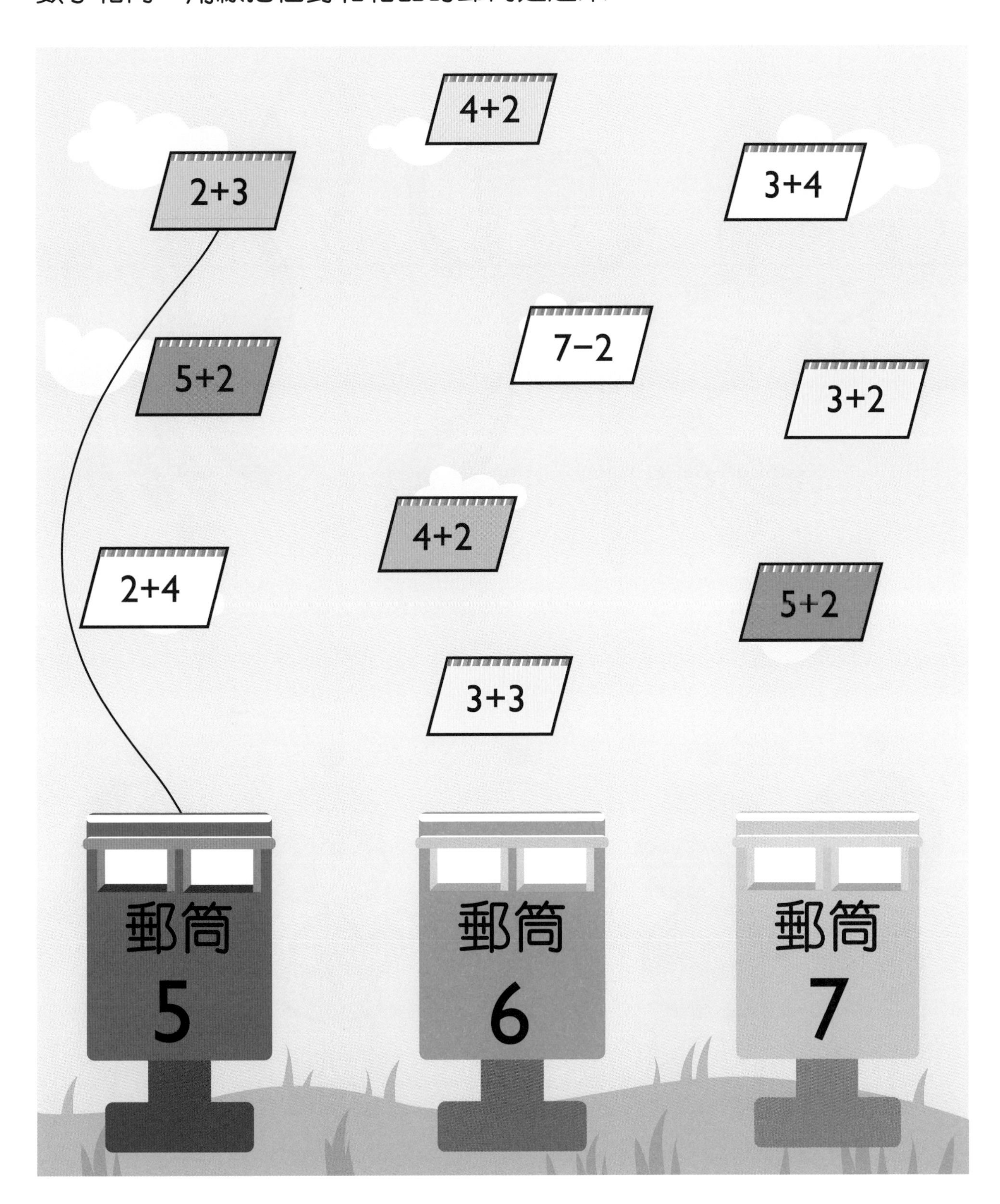

7 以內的加減（二）

放風箏

請你算一算每個風箏上的算式，然後看看算式的結果和哪個小朋友身上的數字相同，用線把風箏和相配的小朋友連起來。

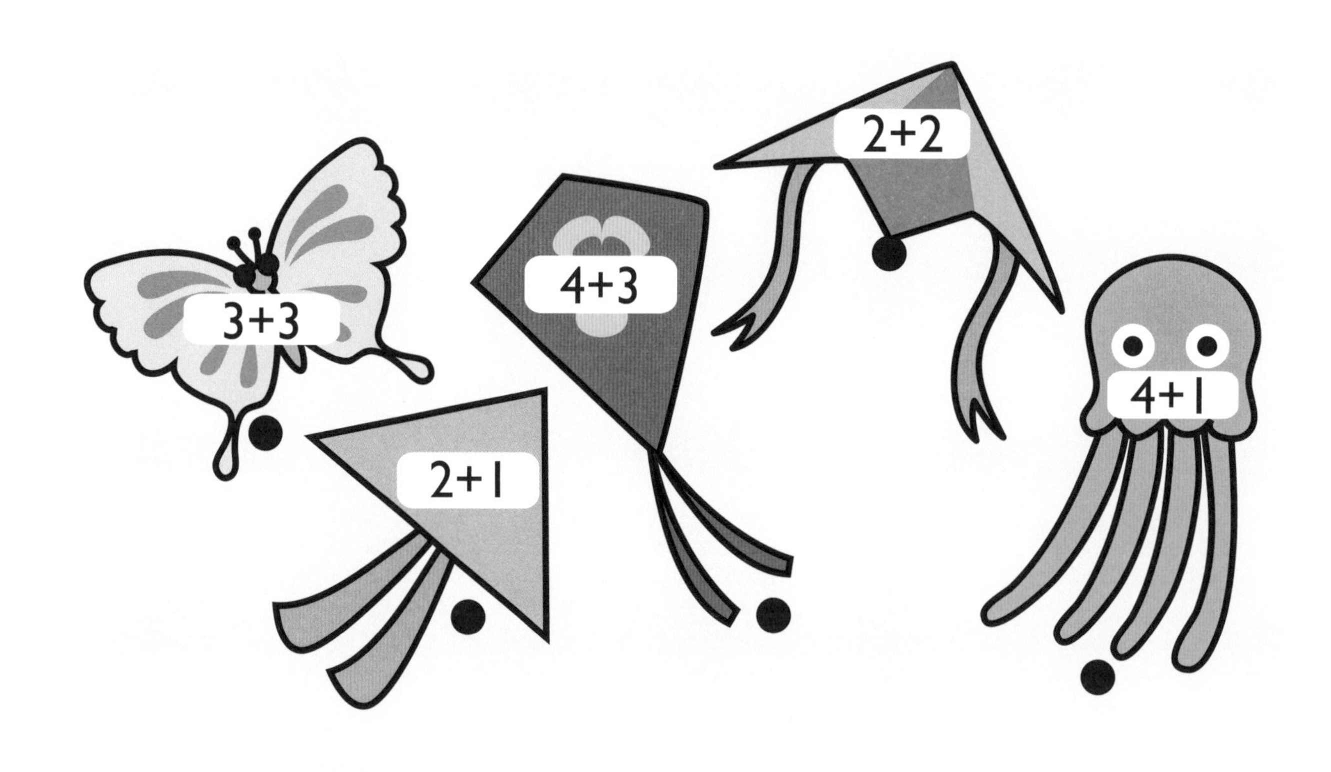

7 以內的加減（三）

水果加一加

請你仔細觀察下面的圖畫，然後分別寫出算式，並說一說，同一種水果的算式有什麼地方相同和不相同。

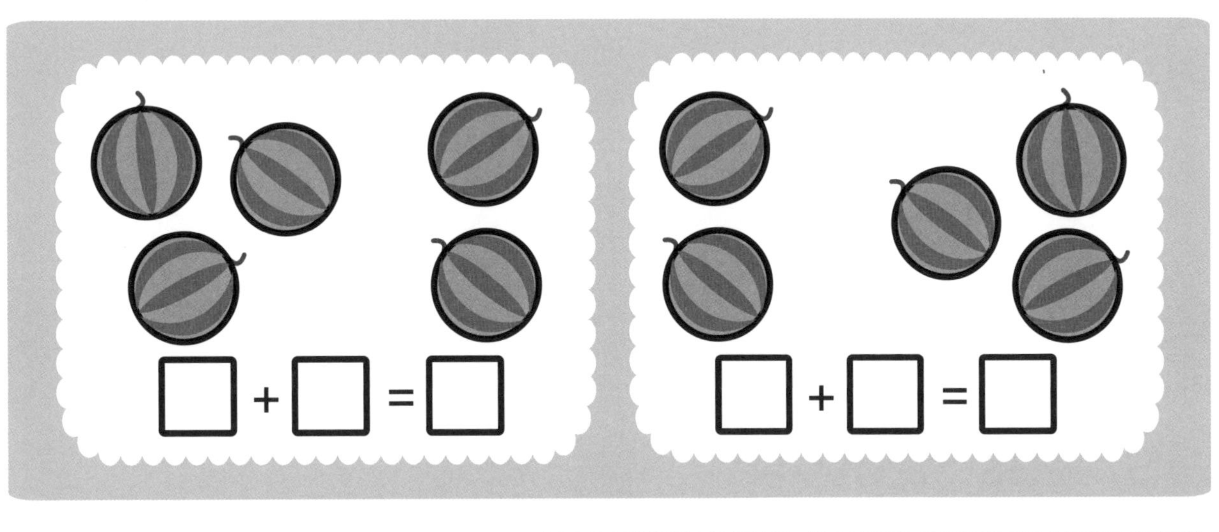

7以內的加減(四)

數字的組合

請你分別看一看下面數字的基本組合，然後完成相應的算式。

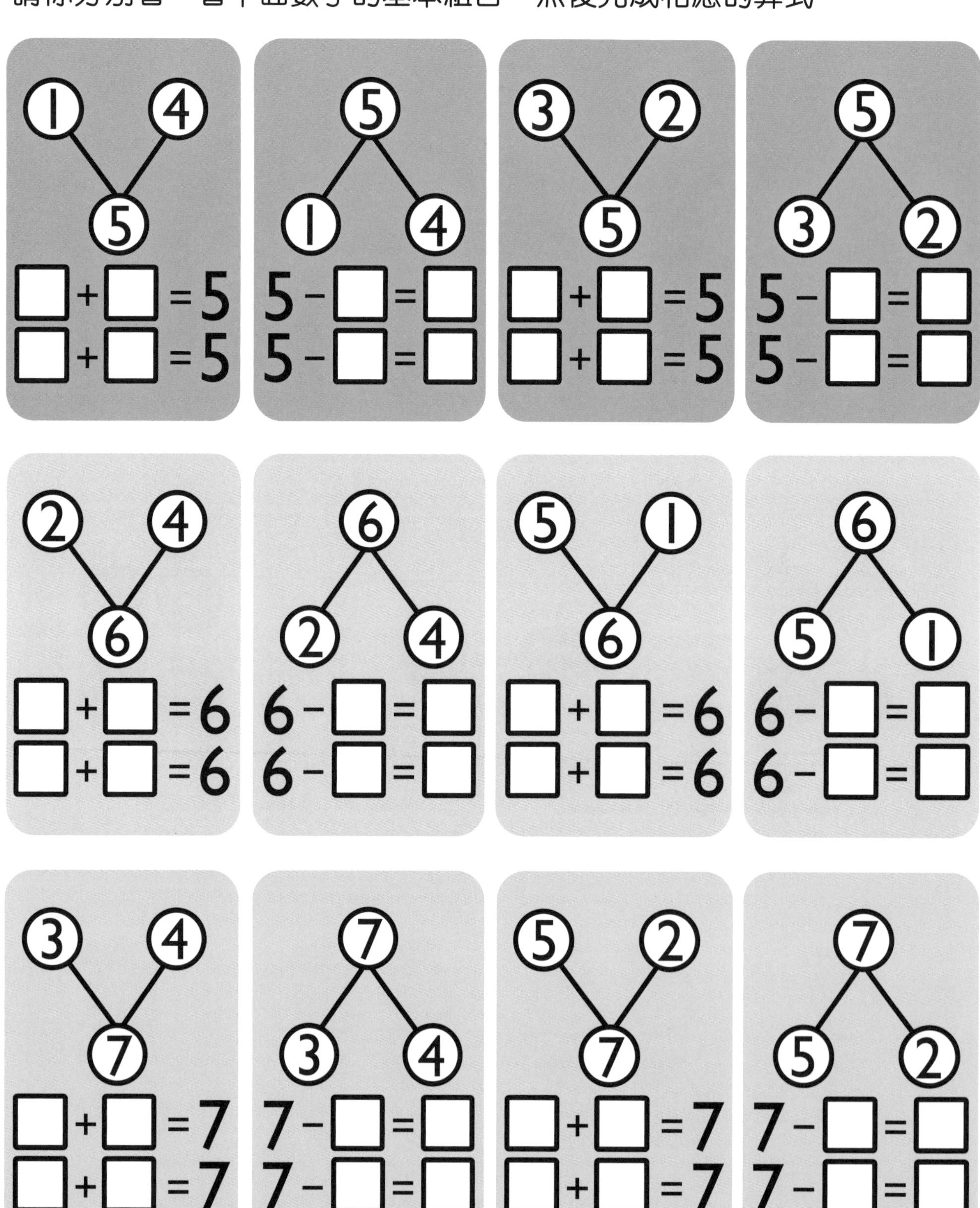

8 的基本組合

分數字

8 可以分為哪兩個數字呢？請你按照下面的規律，在方格裏填上相應的數字。

8

1	7
2	
3	
4	
5	
6	
7	

8

1	
	6
3	
	4
5	
	2
7	

8

1	7
7	1
2	6

8

1						
7						

8 的加法應用題和算式（一）

不同特徵的小動物

請你根據圖畫的內容，自行編寫加法應用題，並完成下面的算式。

8 的加法應用題和算式（二）

活潑的小動物

請你根據圖畫的內容，自行編寫加法應用題，並完成下面的算式。

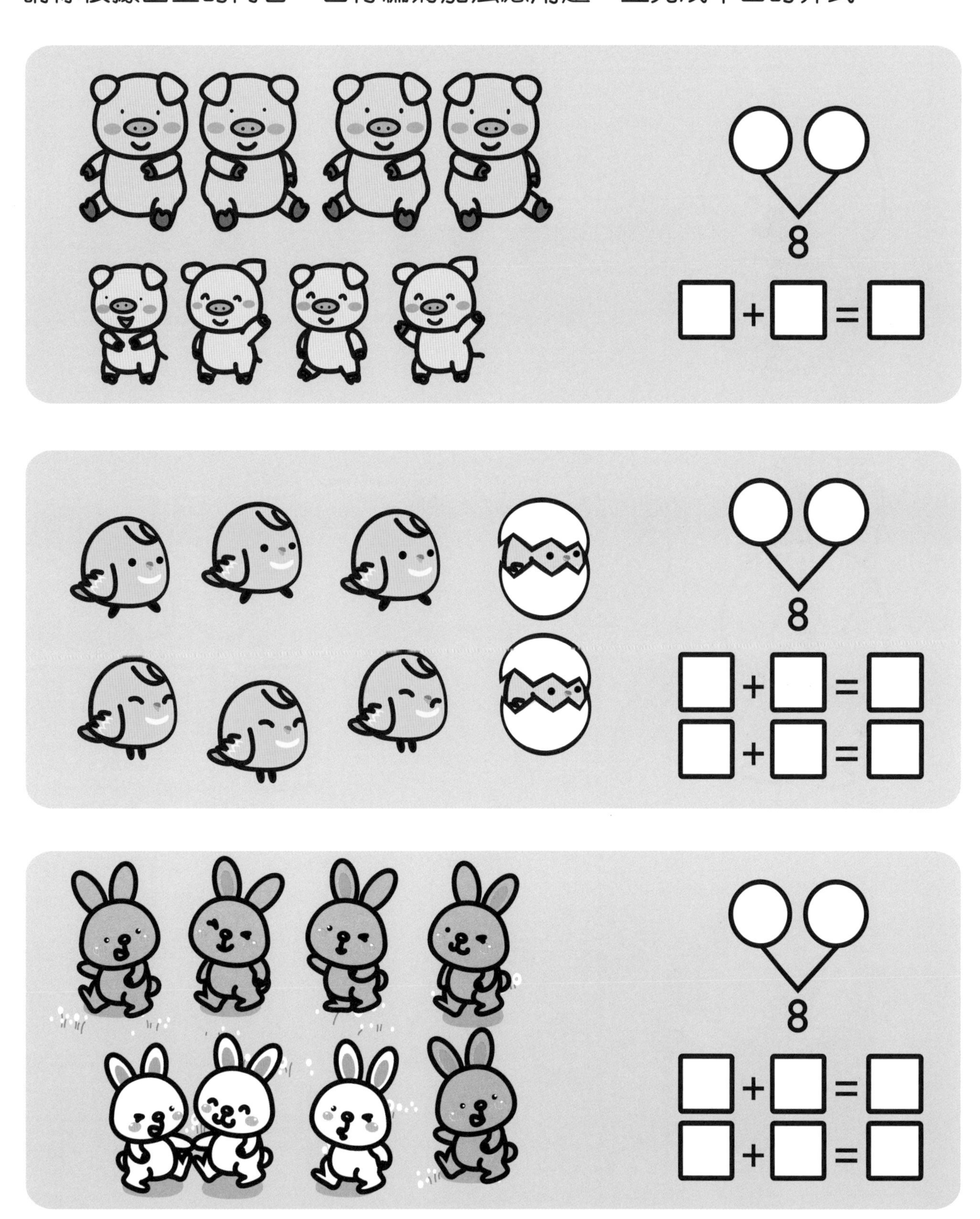

8 的減法應用題和算式（一）

美味的食物

請你根據圖畫的內容，自行編寫減法應用題，並完成下面的算式。

8的減法應用題和算式（二）

小動物在哪裏？

請你根據圖畫的內容，自行編寫減法應用題，並完成下面的算式。

8 的多角度分類和算式

蜜蜂分一分

請你仔細觀察下面的圖畫，然後用 4 種分法給小蜜蜂分類，並寫上相應的算式。

8

□ + □ = □
□ + □ = □
□ − □ = □
□ − □ = □

8

□ + □ = □
□ + □ = □
□ − □ = □
□ − □ = □

8

□ + □ = □
□ + □ = □
□ − □ = □
□ − □ = □

8

□ + □ = □
□ − □ = □

8 的加法橫式和直式

蔬菜算一算

請你根據圖畫的內容，完成下面的橫式和直式。

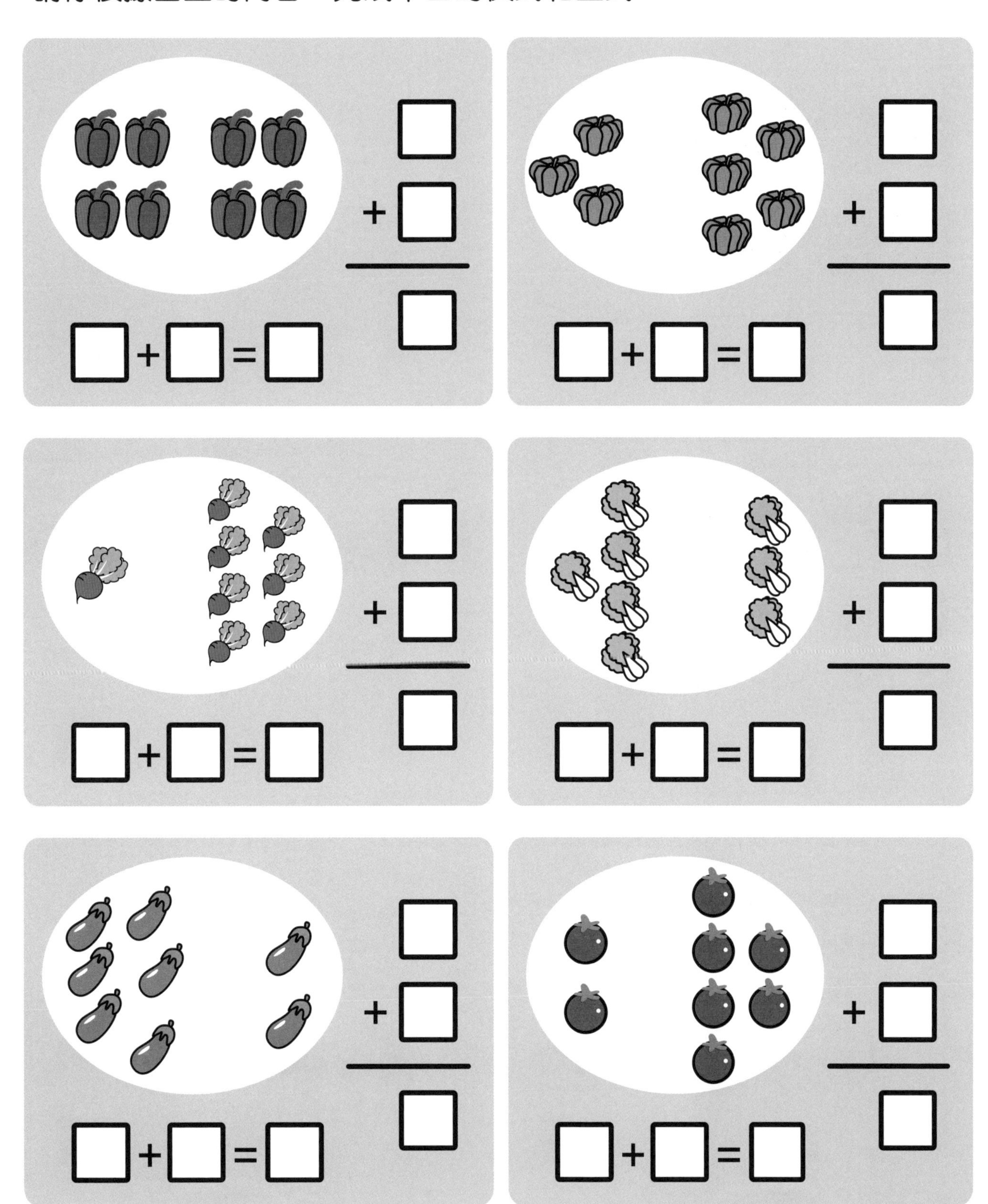

8 的減法橫式和直式

不見了的小動物

請你根據圖畫的內容，完成下面的橫式和直式。

□ − □ = □

□ − □ = □

□ − □ = □

□ − □ = □

□ − □ = □

□ − □ = □

8 以內的加減（一）

小動物乘熱氣球

請你分別算出小動物所在的籃子上和熱氣球上的算式，然後用線把答案相同的籃子和熱氣球連起來。

8 以內的加減（二）

火車轟隆隆

請你分別計算每節火車車廂上的算式，並在藍色方格裏填上答案。

8 以內的加減(三)

左右連一連

請你先計算左右兩邊的算式，然後看看算式的結果和哪個水果上的數字相同，用線把小動物和相配的水果連起來。

8 以內的加減（四）

聖誕樹上的數字

請你在樹上的空格裏填上正確的數字，使橫排和斜排上的數字相加後都等於 8。

8 以內的加減（五）

改正算式

小動物身上的算式答案都錯了，請你幫牠們改一改，寫上正確的算式。

9 的基本組合

分數字

9 可以分為哪兩個數字呢？請你按照下面的規律，在圓圈和方格裏填上相應的數字。

9

1	8
2	
3	
4	
5	
6	
7	
8	

9　9

9　9

9　9

9　9

9

1	8
8	1

9

1							
8							

9 的加法應用題和算式（一）

加法算一算

請你根據圖畫的內容，自行編寫加法應用題，並完成下面的算式。

9 的加法應用題和算式（二）

小動物在哪裏？

請你根據圖畫的內容，自行編寫加法應用題，並完成下面的算式。（圖畫上的數字表示隱藏了的動物數量）

9 的減法應用題和算式（一）

小動物的食物

請你根據圖畫的內容，自行編寫減法應用題，並完成下面的算式。

9 的減法應用題和算式（二）

減法算一算

請你根據圖畫的內容，自行編寫減法應用題，並完成下面的算式。

9 的多角度分類和算式

小朋友分一分

請你仔細觀察下面的圖畫，然後用 4 種分法給小朋友分類，並寫上相應的算式。

9 的加法橫式和直式

花朵與昆蟲

請你根據圖畫的內容，完成下面的橫式和直式。

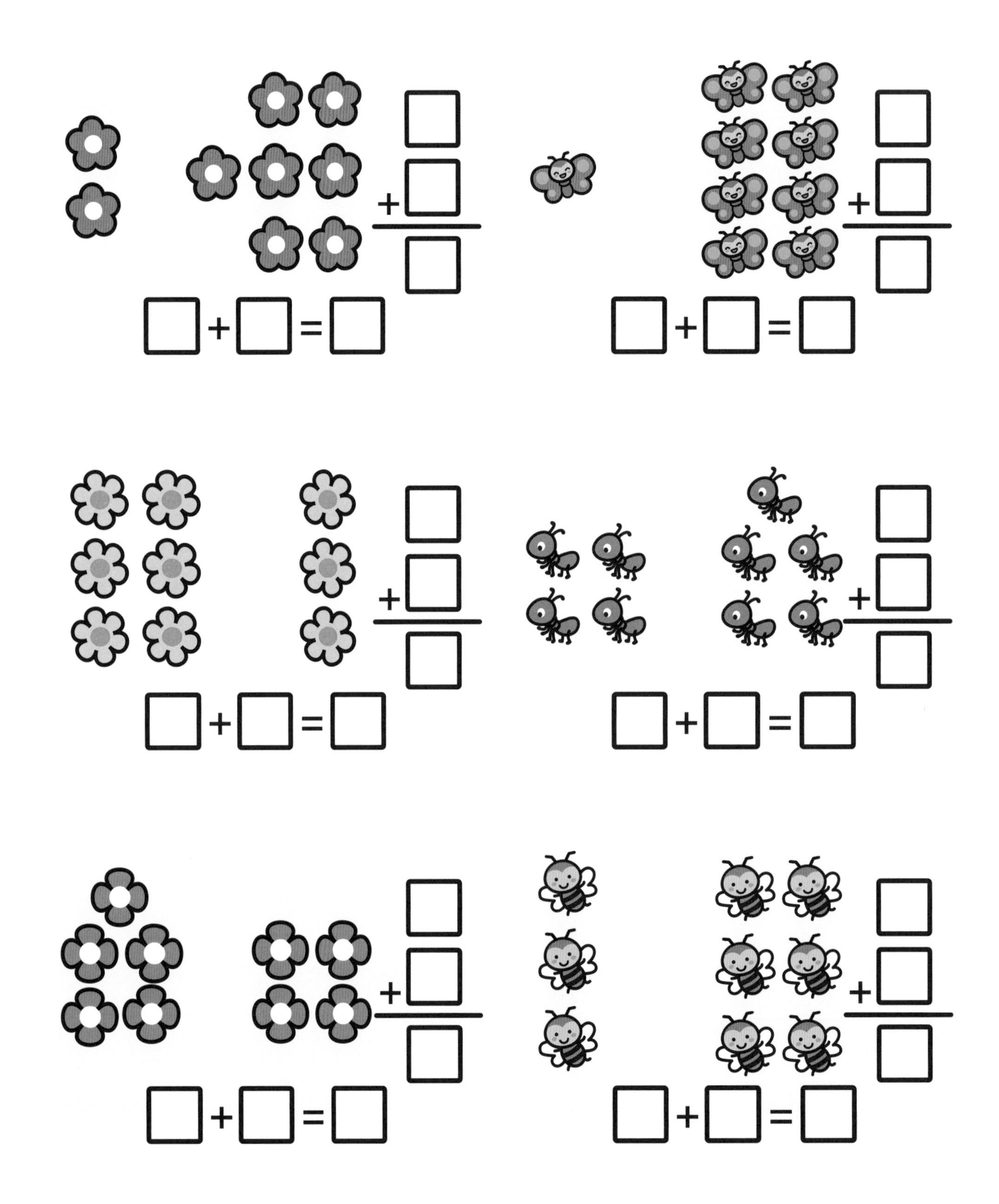

9 的減法橫式和直式

動物昆蟲有多少？

請你根據圖畫的內容，完成下面的橫式和直式。

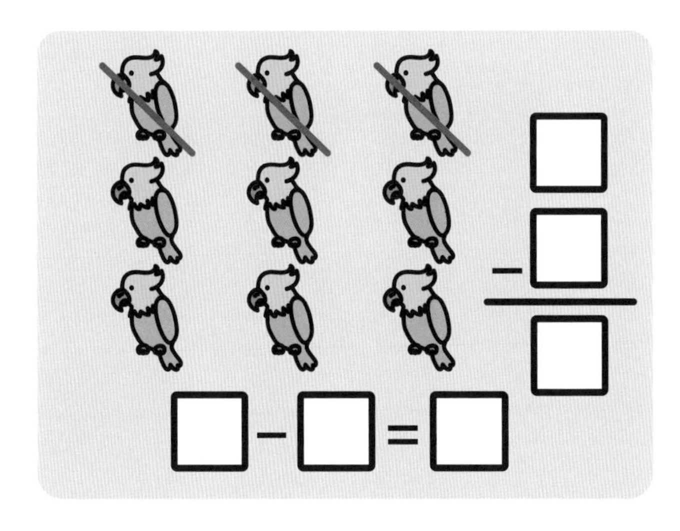

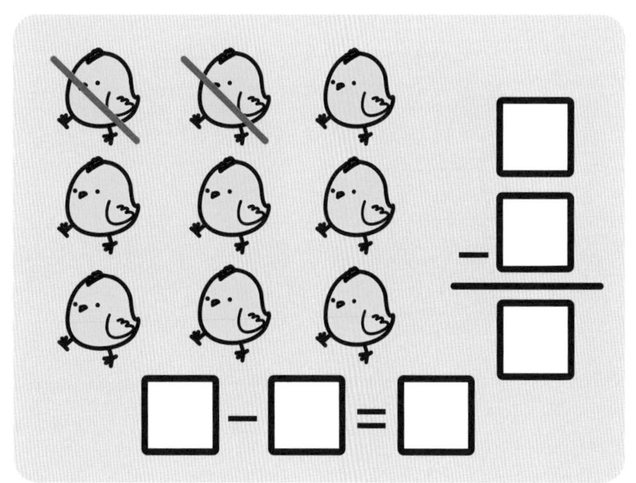

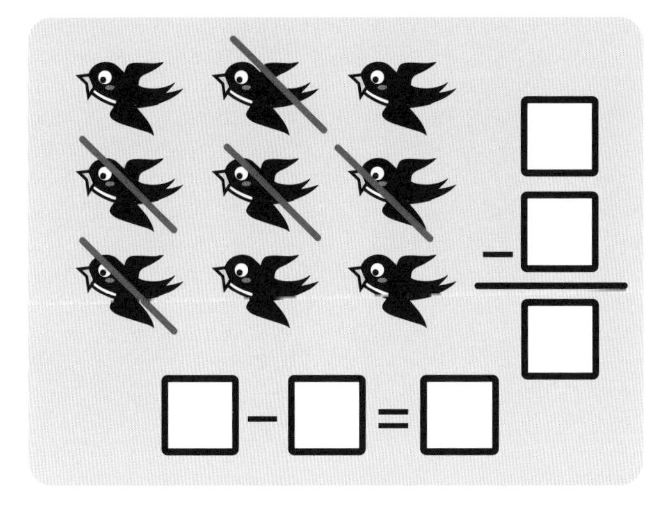

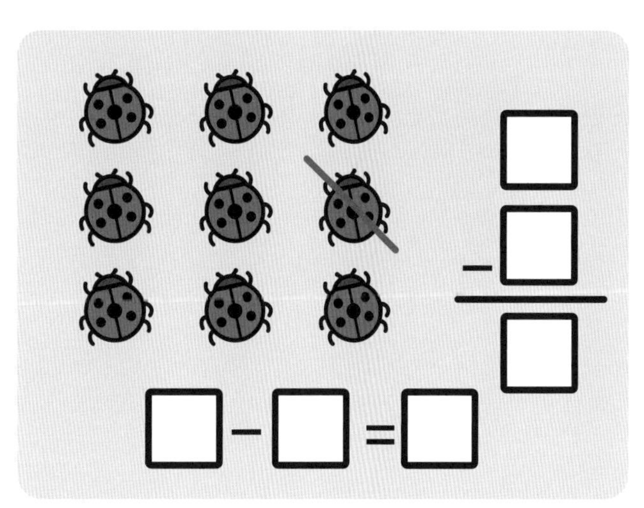

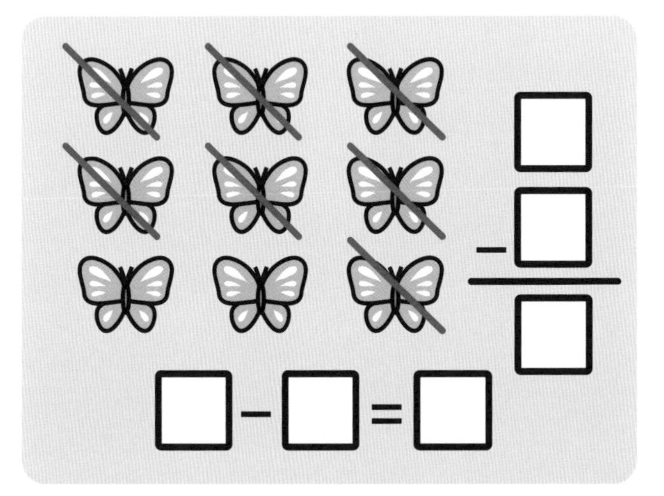

□ − □ = □

9以內的加減(一)

乒乓球拍的算式

請你分別看看乒乓球拍上的算式，然後在括號裏填上正確的數字。

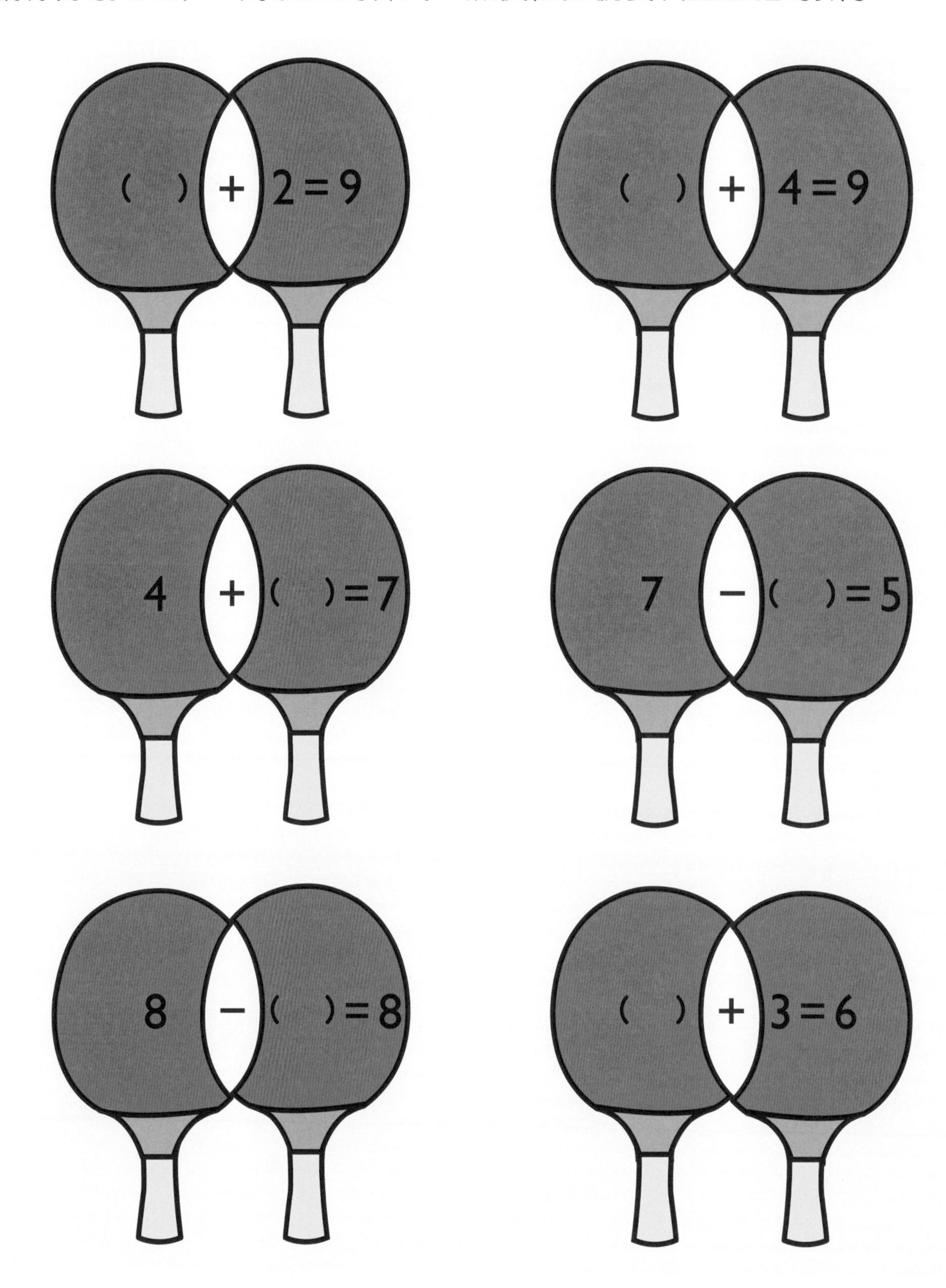

9 以內的加減（二）

飛天小燈籠

請你算一算每個小燈籠上的算式，然後在方格裏填上正確的數字。

9 以內的加減（三）

填圓點和數字

請你按照下面的指示回答問題。

請你分別在相應的格子裏畫上正確數量的圓點，讓每排圓點的數量相加後，和上面的圓點數量相等。

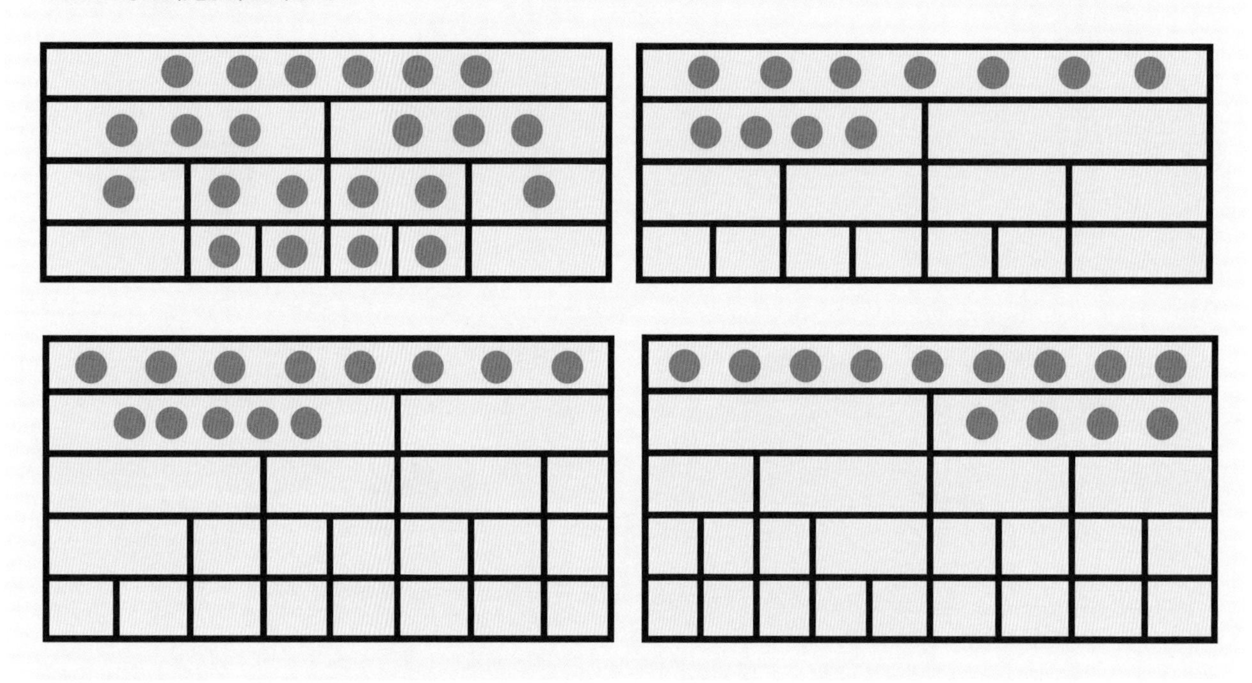

你知道 6、7、8、9 可以分為哪些數字嗎？請你在空格裏填上正確的數字。

<table>
<tr><td colspan="4">6</td></tr>
<tr><td colspan="2">3</td><td colspan="2">3</td></tr>
<tr><td>1</td><td>2</td><td>2</td><td>1</td></tr>
</table>

<table>
<tr><td colspan="4">7</td></tr>
<tr><td colspan="2">5</td><td colspan="2"></td></tr>
<tr><td></td><td>1</td><td>1</td><td></td></tr>
</table>

<table>
<tr><td colspan="4">8</td></tr>
<tr><td colspan="2">4</td><td colspan="2"></td></tr>
<tr><td></td><td>2</td><td>2</td><td></td></tr>
</table>

<table>
<tr><td colspan="4">9</td></tr>
<tr><td colspan="2">5</td><td colspan="2"></td></tr>
<tr><td></td><td>2</td><td>2</td><td></td></tr>
</table>

9 以內的加減（四）

花朵算式

請你用中間的數字 9，分別減去黃色部分上的數字，然後把結果填在相應的方格裏。

9 以內的加減（五）

小貓們的魚宴

請你算一算每條小魚身上的算式，然後看看算式的結果和哪隻小貓身上的數字相同，用線把小魚和相配的小貓連起來。

10 的基本組合

分數字

10 可分為哪兩個數字呢？請你按照下面的規律，在方格裏填上相應的數字。

10

1	9
2	
3	
4	
5	
6	
7	
8	
9	

10

1	
	2
3	
	4
5	
	6
7	
	8
9	

10

1	9
9	1

10

1								
9								

10 的加法應用題和算式(一)

動物大不同

請你根據圖畫的內容，自行編寫加法應用題，並完成下面的算式。

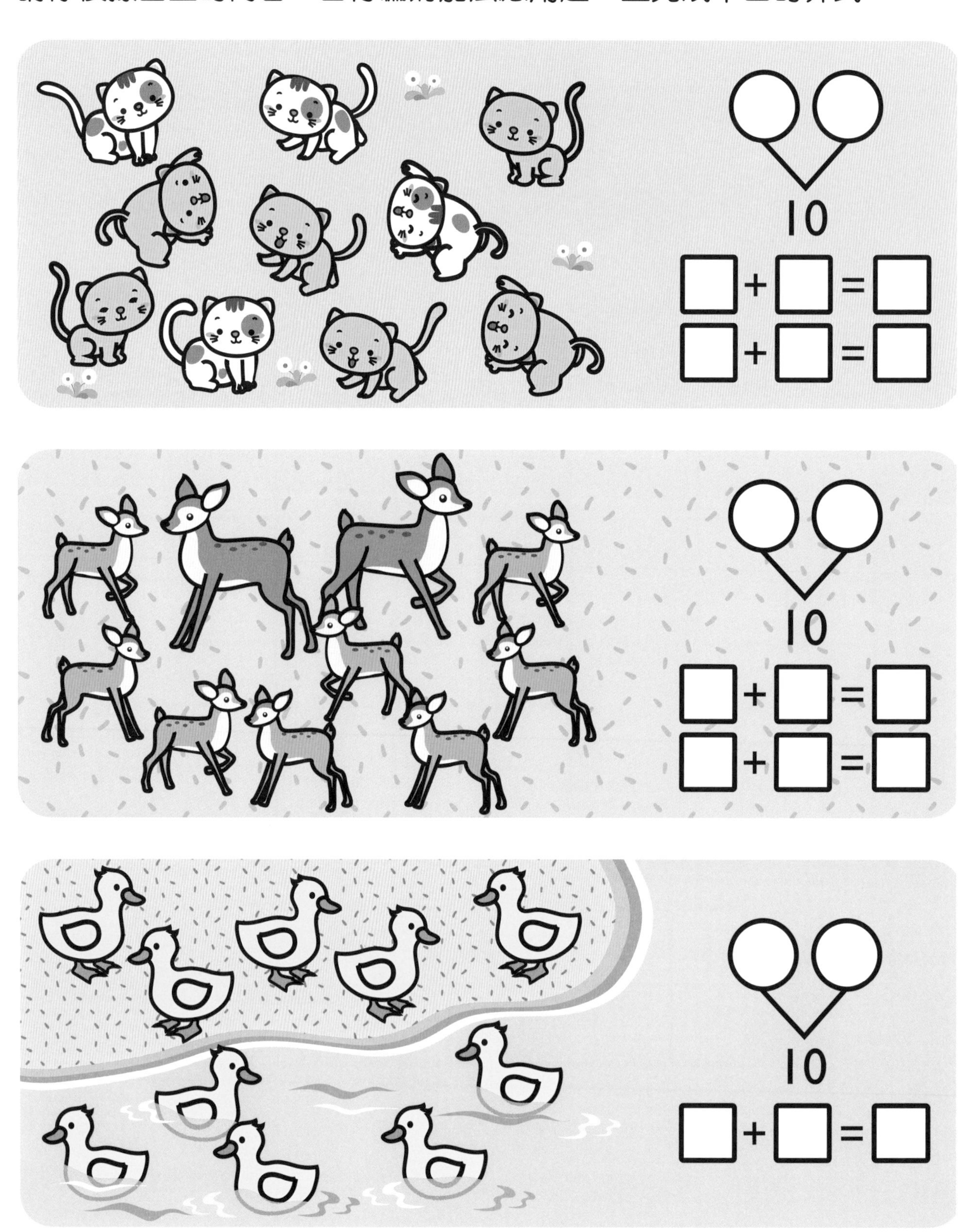

10 的加法應用題和算式（二）

躲起來的小動物

請你根據圖畫的內容，自行編寫加法應用題，並完成下面的算式。（圖畫上的數字表示隱藏了的動物數量）

10 的減法應用題和算式（一）

減法算式填一填

請你根據圖畫的內容，自行編寫減法應用題，並完成下面的算式。

10 的減法應用題和算式（二）

可口的食物

請你根據圖畫的內容，自行編寫減法應用題，並完成下面的算式。

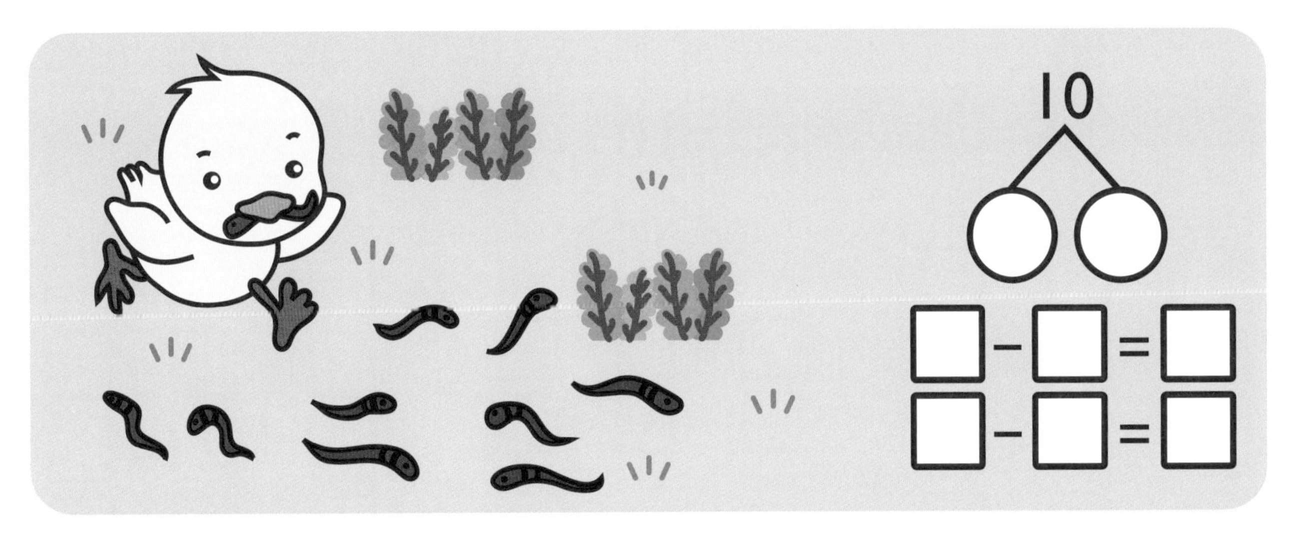

10 的多角度分類和算式

分猴子

請你仔細觀察下面的圖畫，然後用 5 種分法給小猴子分類，並寫上相應的算式。

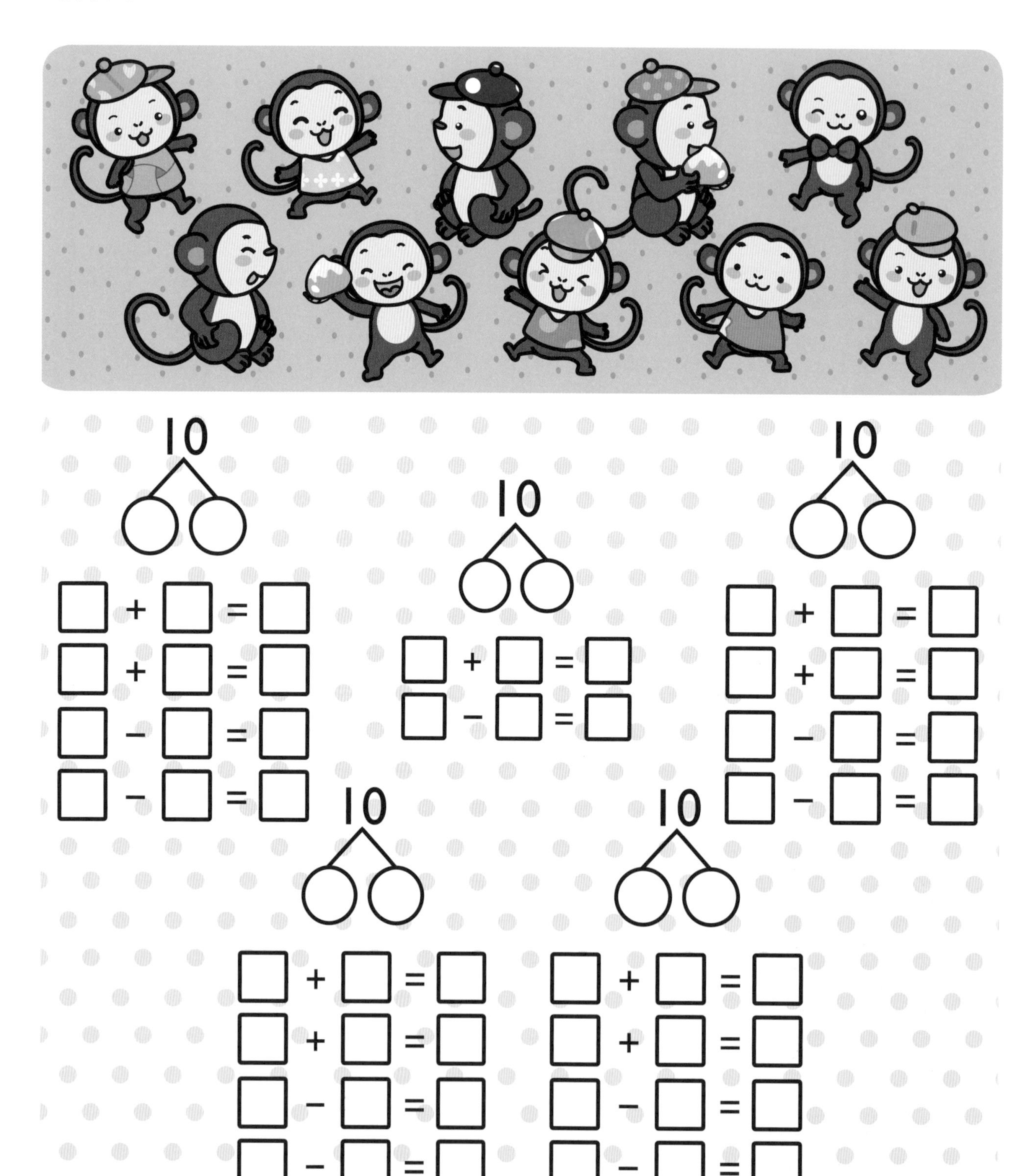

10 的加法橫式和直式

物品算一算

請你根據圖畫的內容，完成下面的橫式和直式。

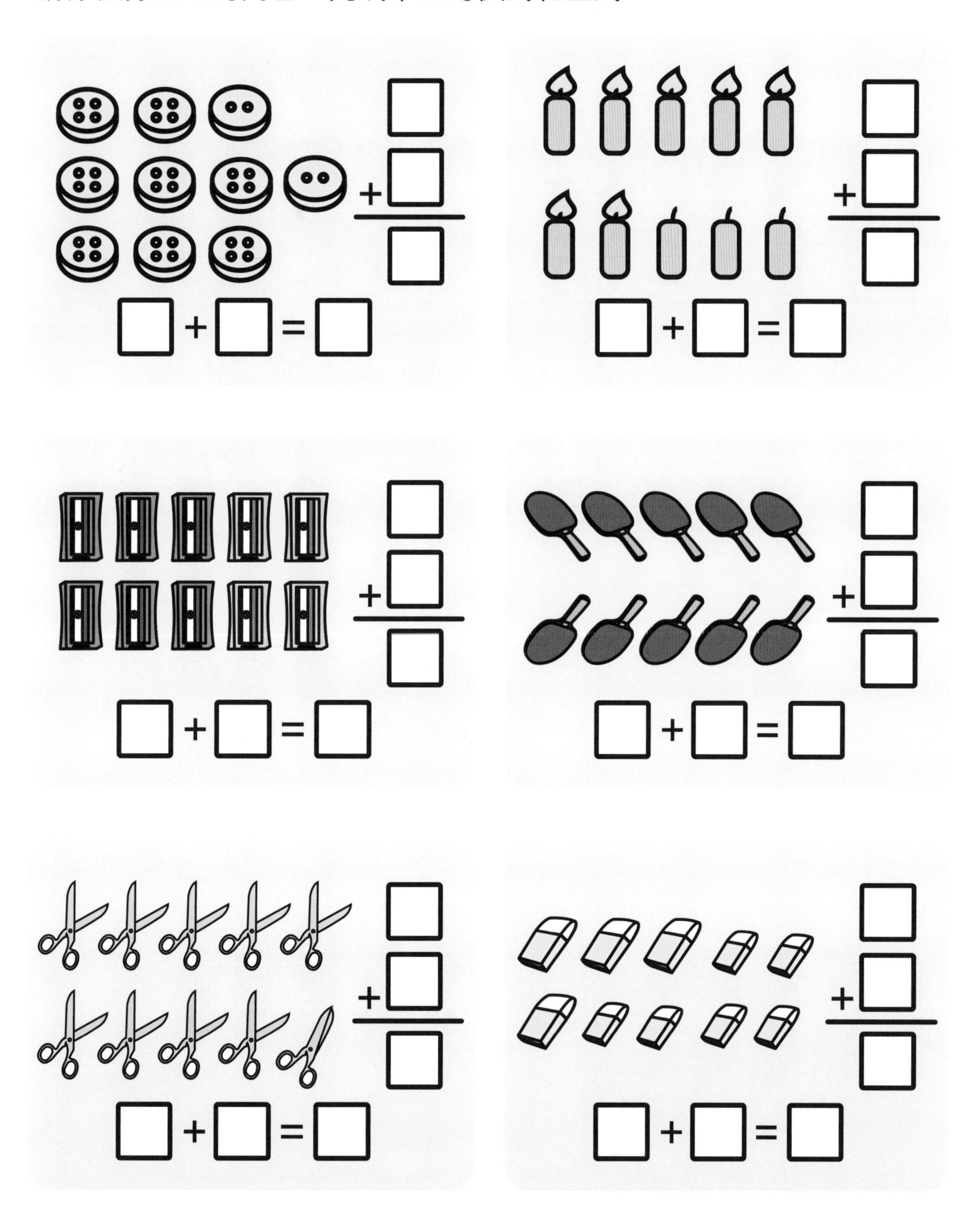

10 的減法橫式和直式

水果剩多少

請你根據圖畫的內容，完成下面的橫式和直式。

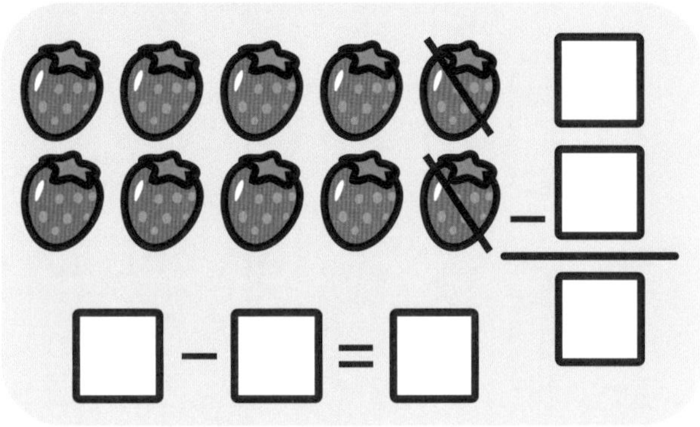

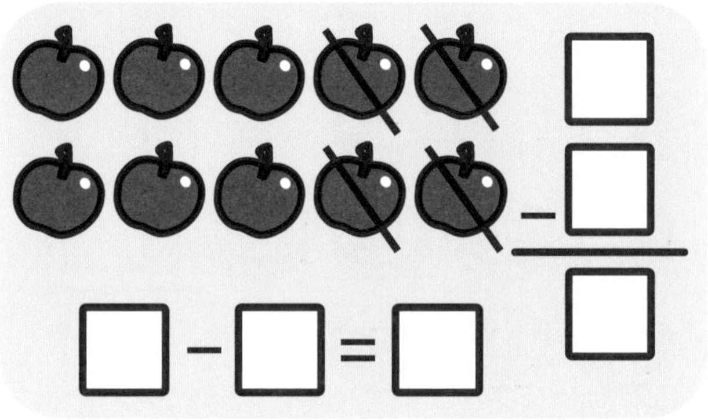

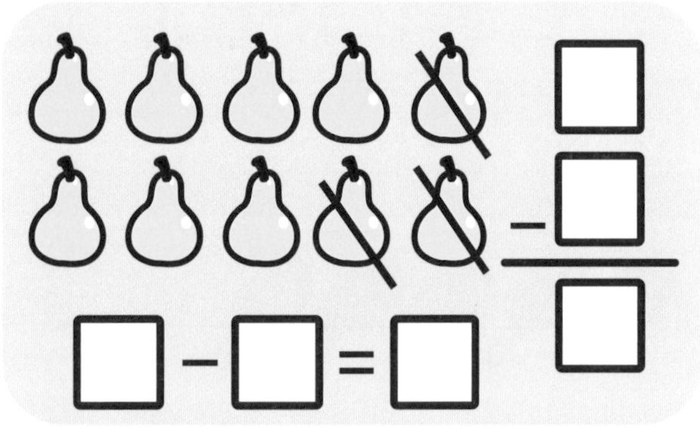

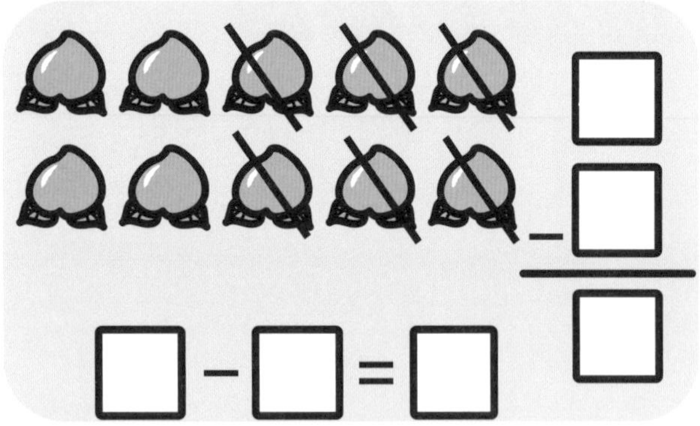

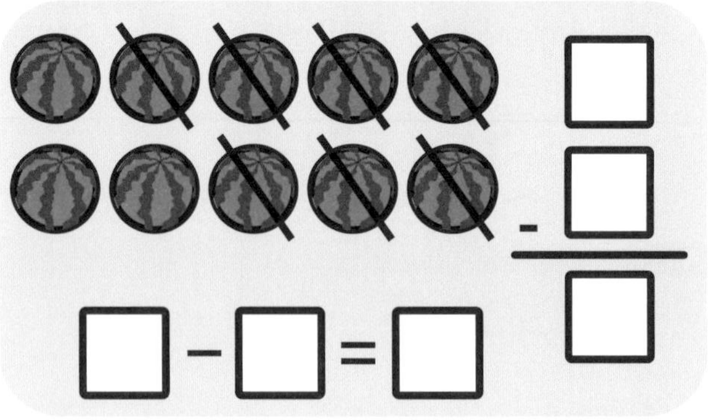

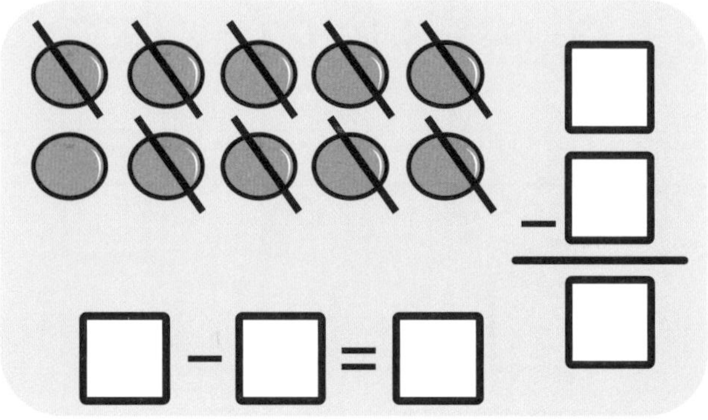

□ − □ = □

□ − □ = □

□ − □ = □

□ − □ = □

□ − □ = □

□ − □ = □

□ − □ = □

□ − □ = □

10 以內的加減（一）

齊來放風箏

請你算出風箏上面的算式，然後把答案填在相應的方格裏。

10 以內的加減（二）

看圖寫算式

請你仔細觀察下面的圖畫，然後想一想，在相應的位置填上正確的數字和運算符號。

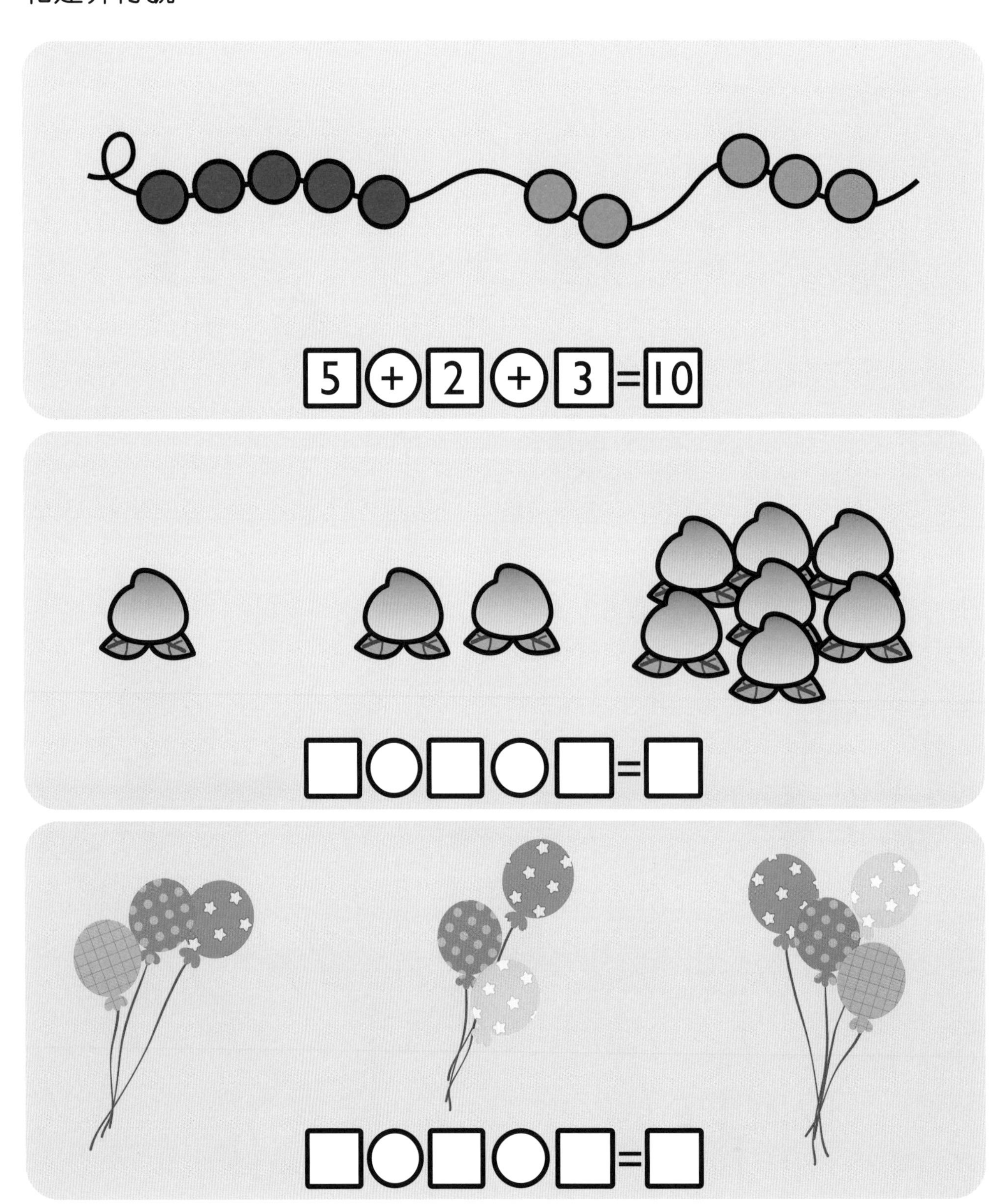

10 以內的加減（三）

小房子

請你在方格裏填上正確的數字，使橫行和直行的 3 個數字相加後，答案與屋頂上的數字相同。

10 以內的加減（四）

帶小狗回家

請你算一算下面的算式，然後把算式答案是 5 的路線畫出來，為小狗找出回家的路。

10 以內的加減（五）

加與減

請你根據圖畫的內容，完成下面的橫式。

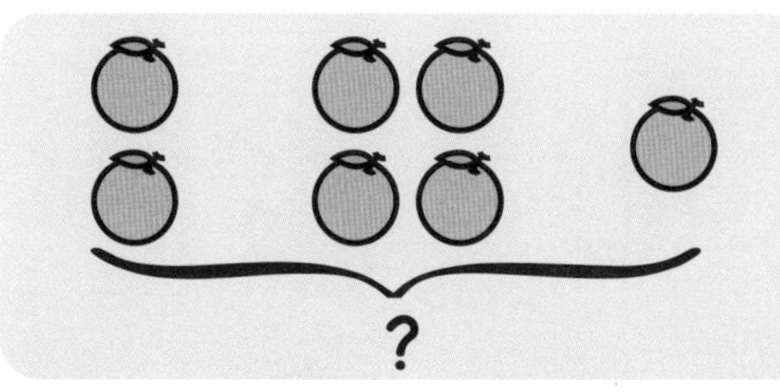

2 + 4 + 1 = 7

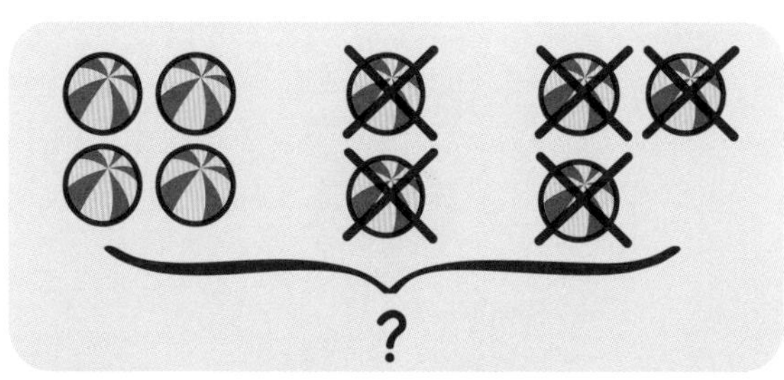

9 − 2 − 3 = 4

□ + □ + □ = □

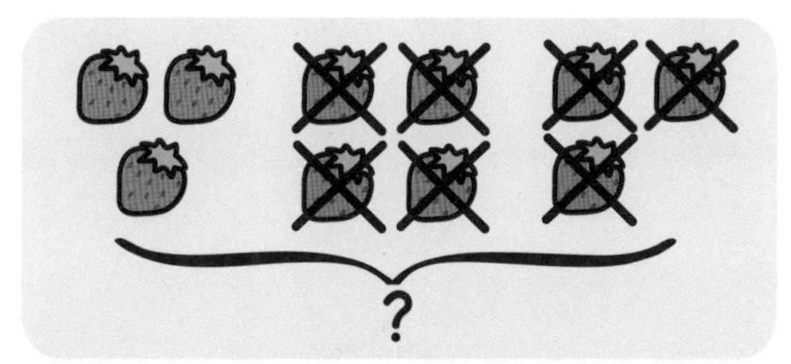

□ − □ − □ = □

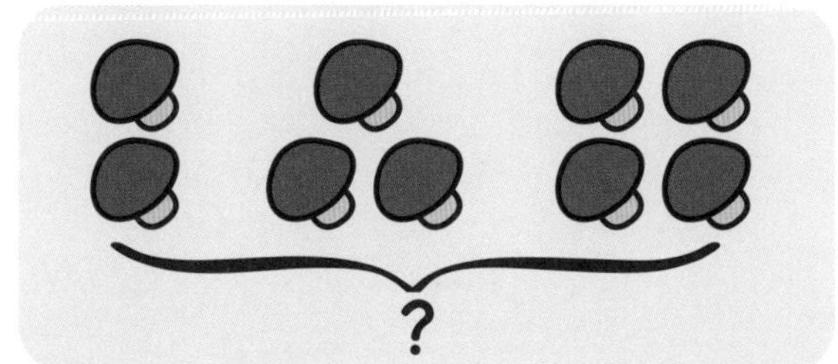

□ + □ + □ = □

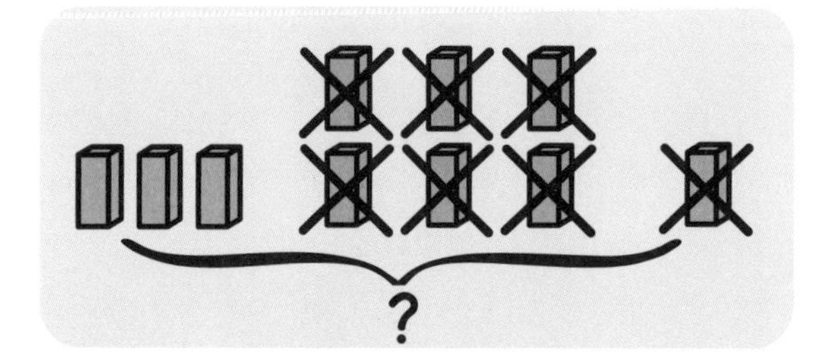

□ − □ − □ = □

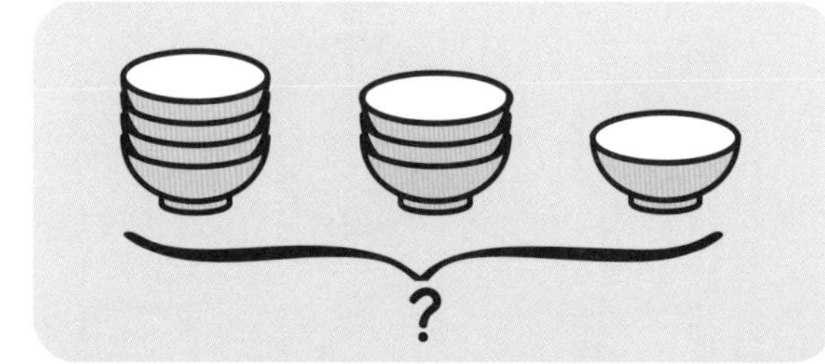

□ + □ + □ = □

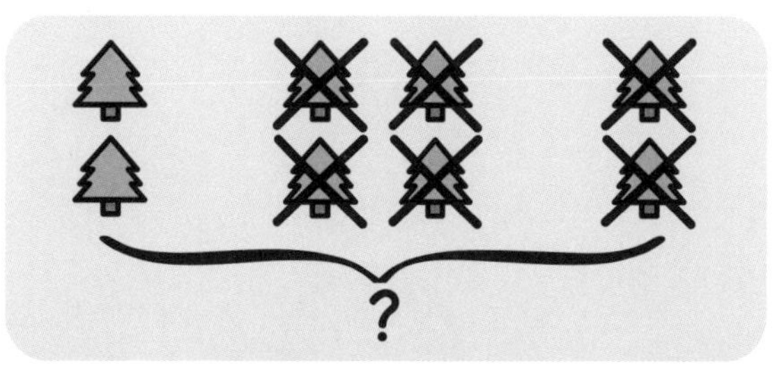

□ − □ − □ = □

10 以內的加減（六）

水果代表的數字

請你分別算出水果在算式裏所代表的數字（每種水果代表 1 個相同的數字），然後把正確的數字填在相應的方格裏。

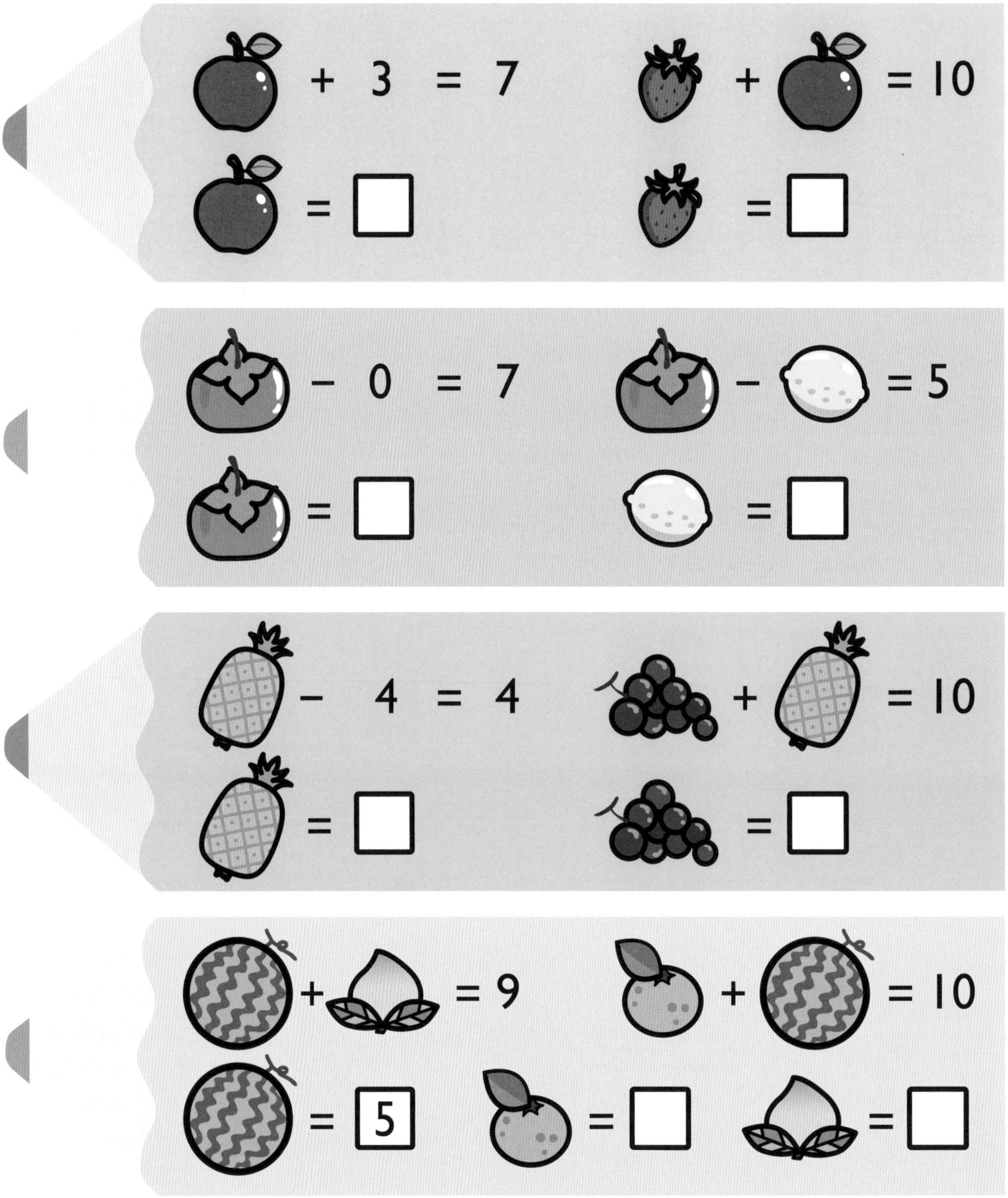

+ 3 = 7　　　　+ = 10

= □　　　　= □

− 0 = 7　　　　− = 5

= □　　　　= □

− 4 = 4　　　　+ = 10

= □　　　　= □

+ = 9　　　　+ = 10

= 5　　　　= □　　　　= □

答案

第 12 頁

第 13 頁

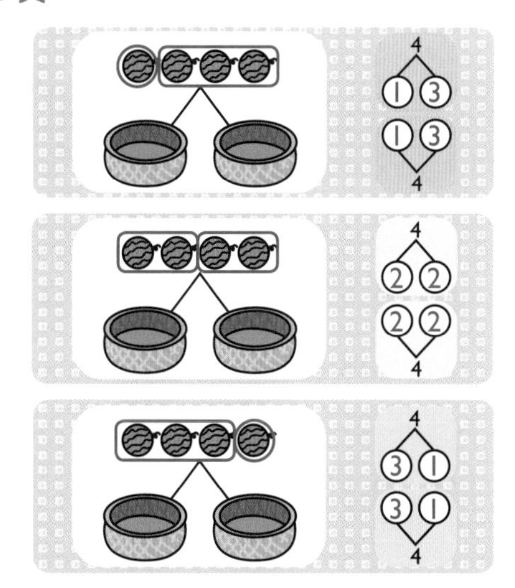

第 14 頁

第 15 頁

第 16 頁

第 17 頁

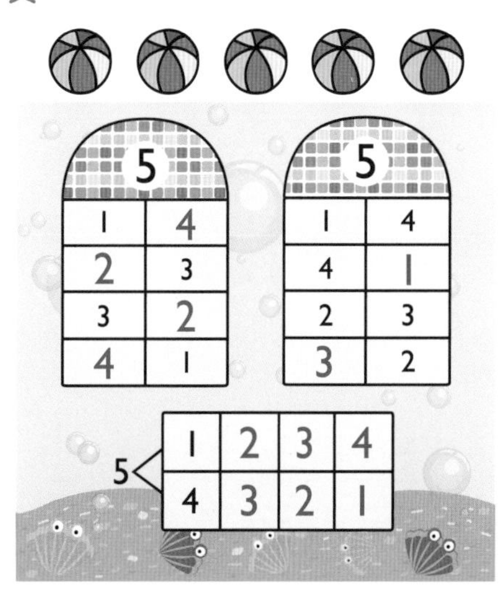

第 18 頁

第 19 頁

第 20 頁

第 21 頁

第 22 頁

第 23 頁

第 24 頁

第 25 頁

第 26 頁

第 27 頁

第 28 頁

第 29 頁

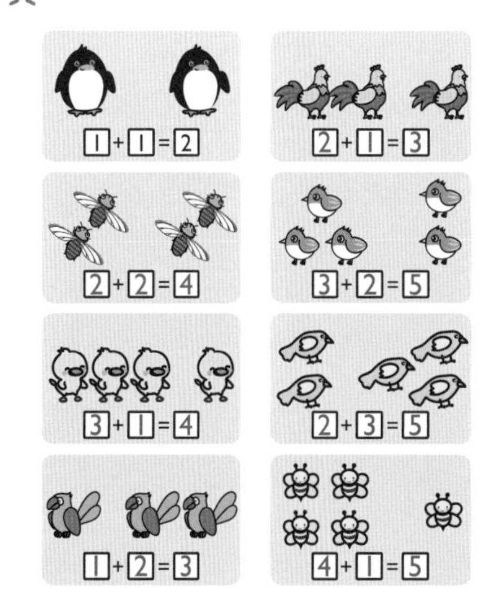

第 30 頁

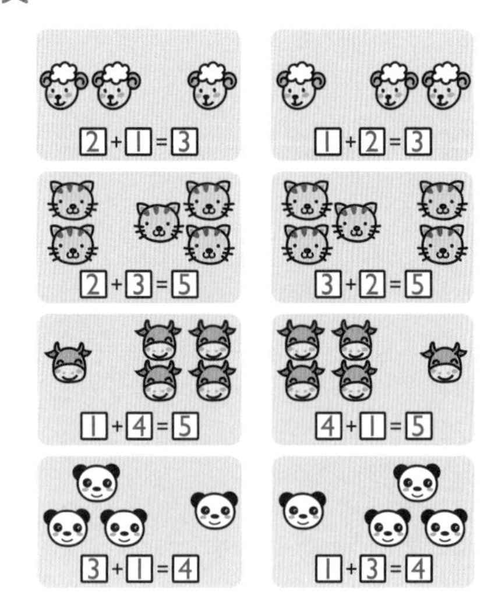

第 31 頁

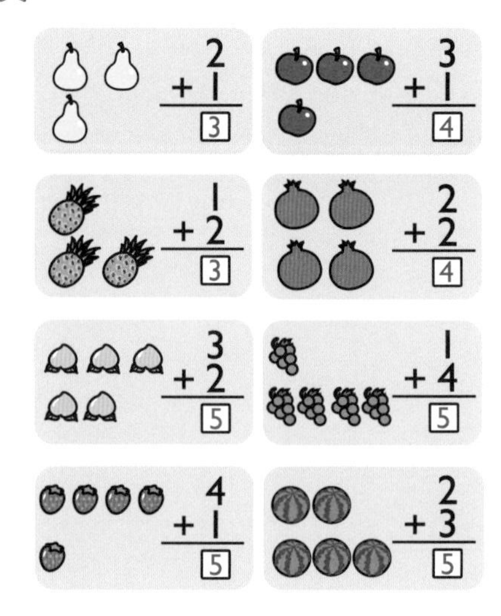

第 32 頁

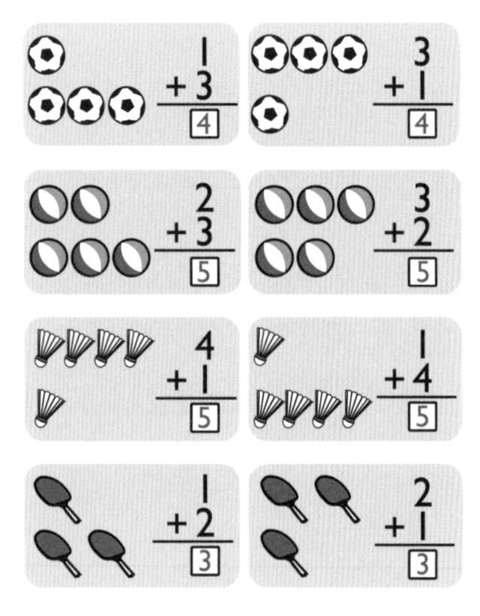

第 33 頁

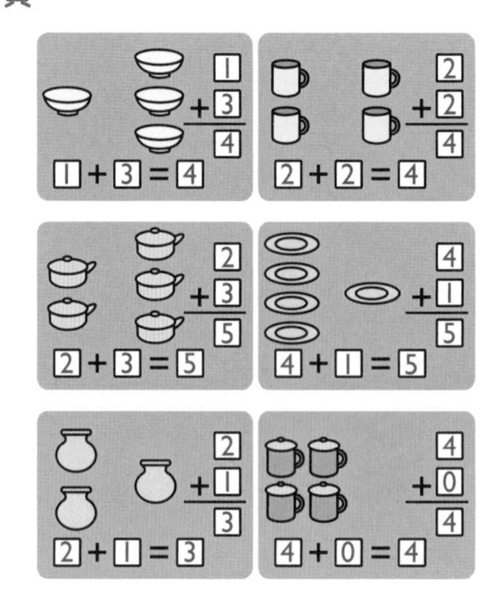

第 34 頁

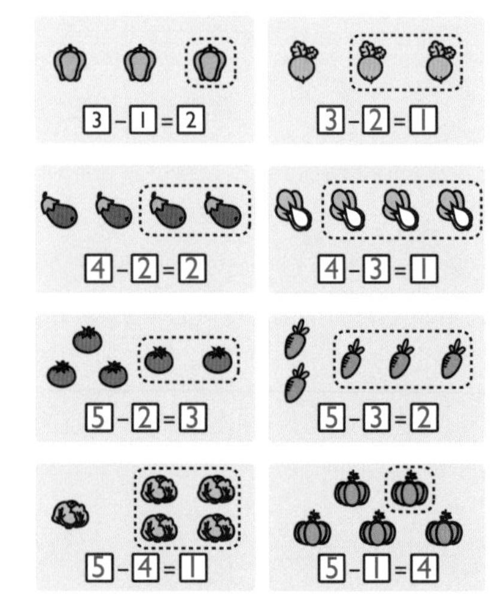

第 35 頁

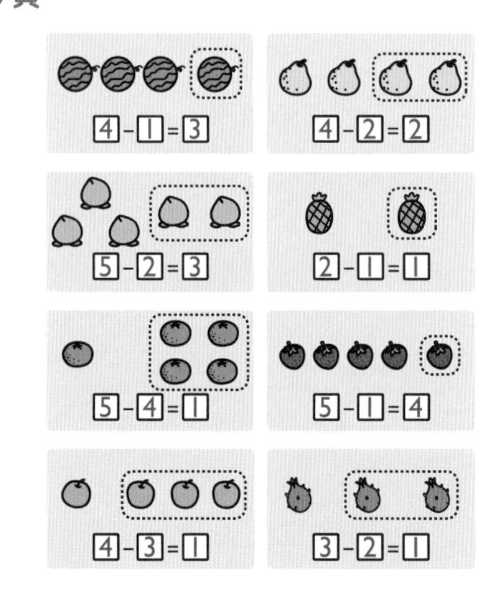

第 36 頁

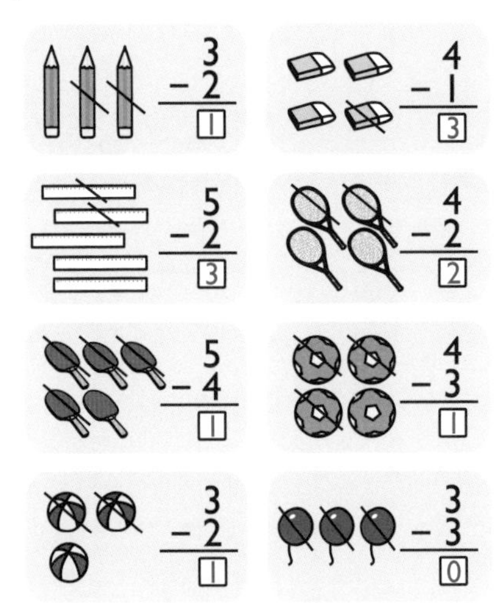

第 37 頁

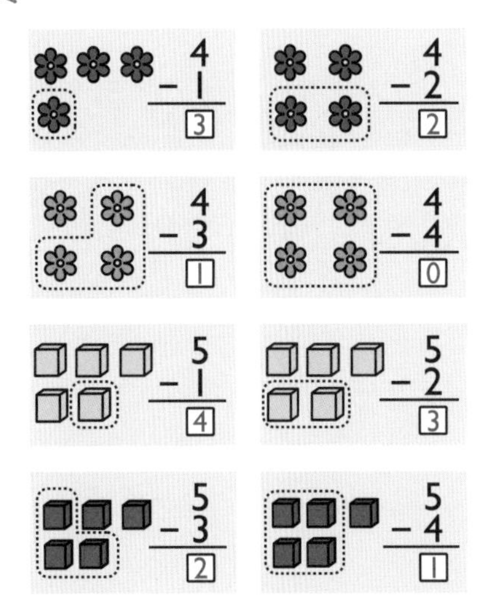

第 38 頁

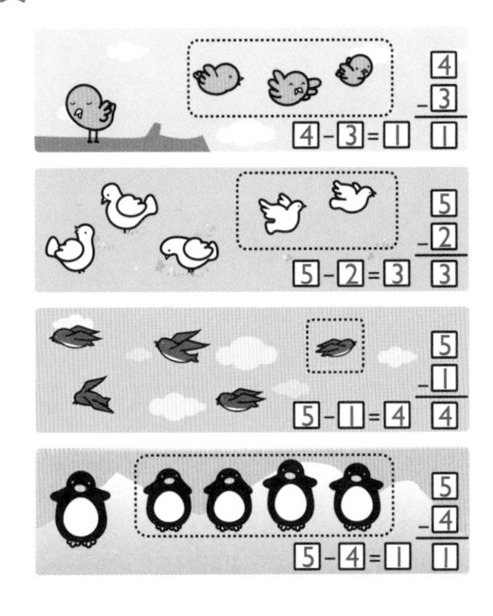

第 39 頁

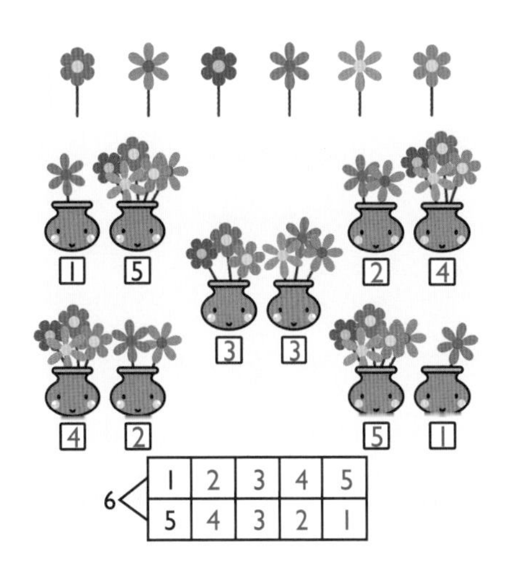

1	2	3	4	5
5	4	3	2	1

第 40 頁

第 41 頁

第 42 頁

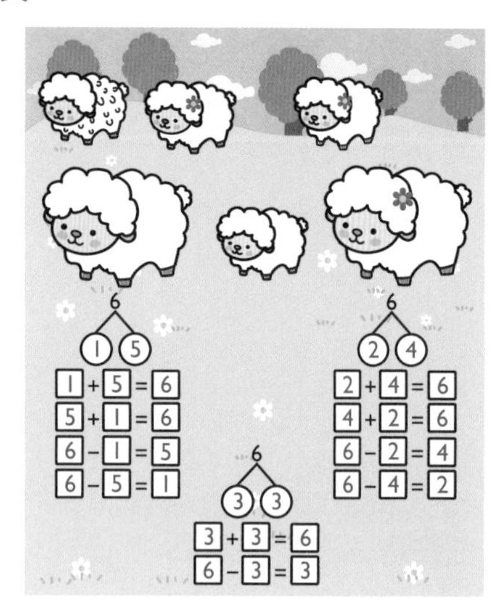

第 43 頁

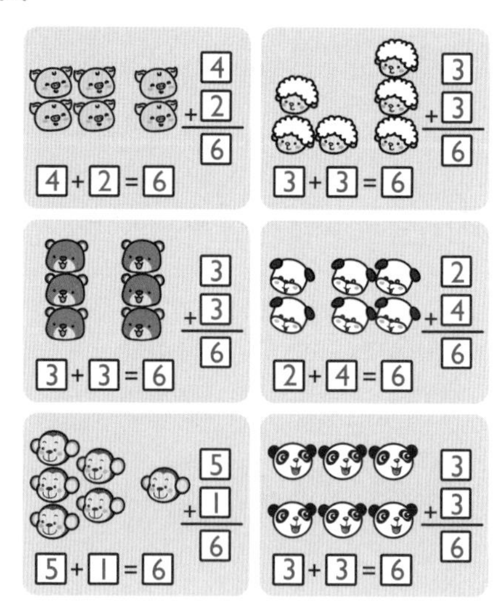

第 44 頁

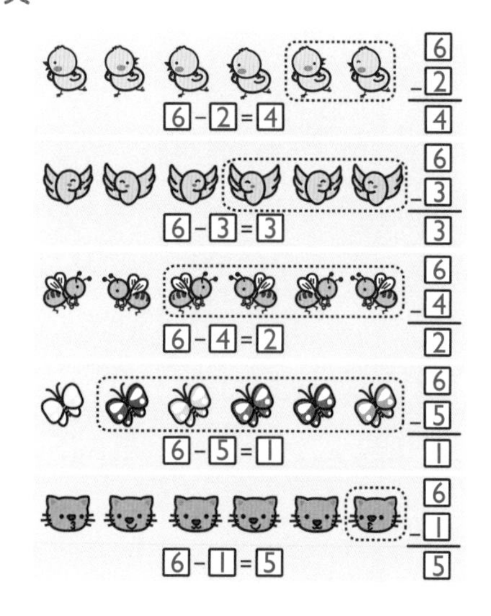

第 45 頁

第 46 頁

第 47 頁

	7	
	1	6
	2	5
	3	4
	4	3
	5	2
	6	1

有顏色的足球多 1 個，沒有顏色的足球就少 1 個。

第 48 頁

第 49 頁

第 50 頁

第 51 頁

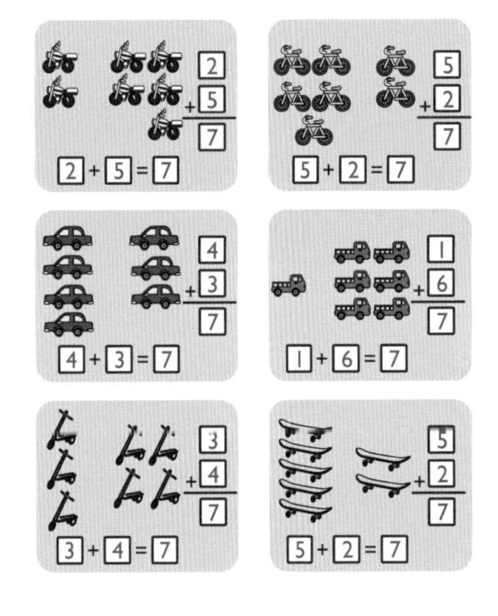

第 52 頁

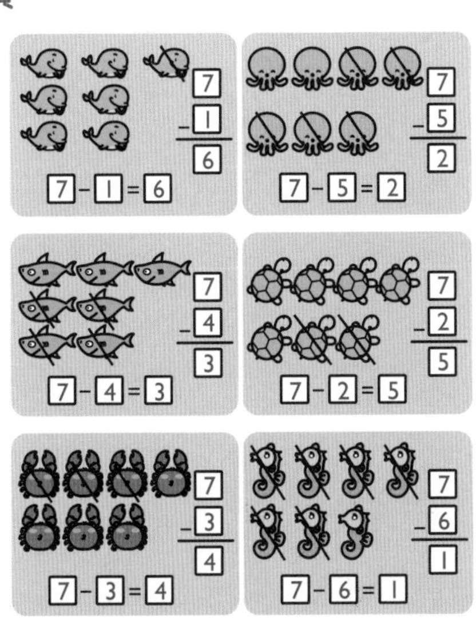

第 53 頁

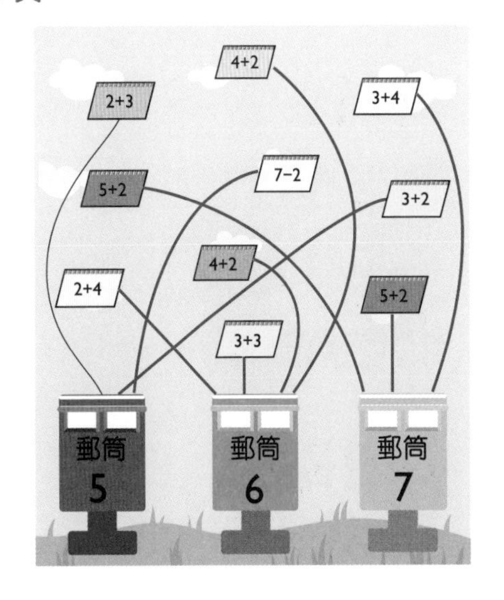

第 54 頁

第 55 頁

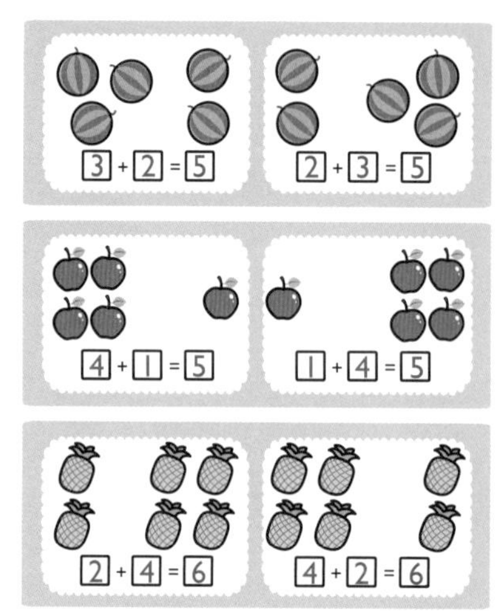

同一種水果的兩條算式中，2 個加數的位置不同，但算式的結果相同。

第 56 頁

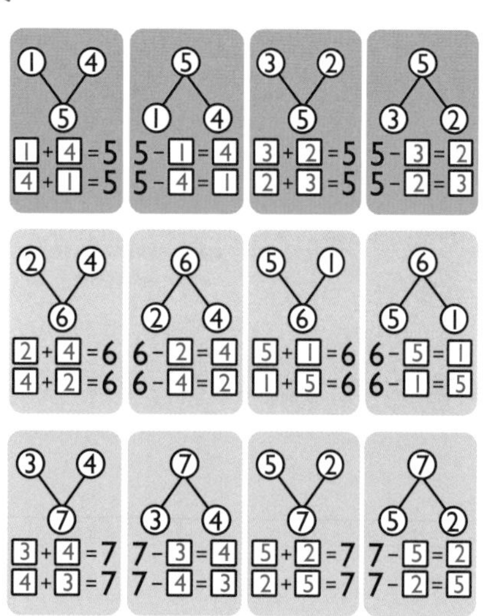

第 57 頁

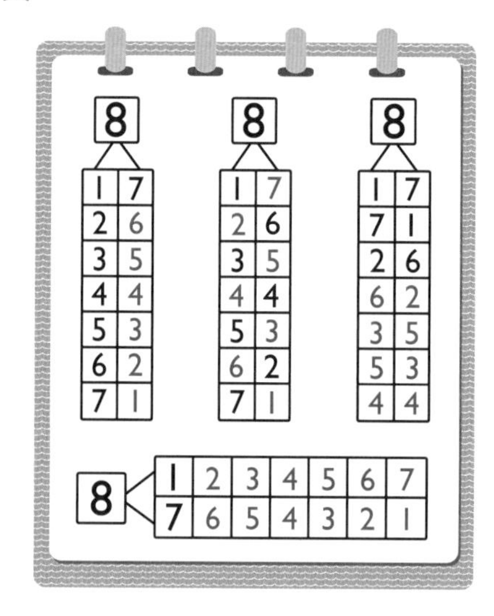

第 58 頁

第 59 頁

第 60 頁

第 61 頁

第 62 頁

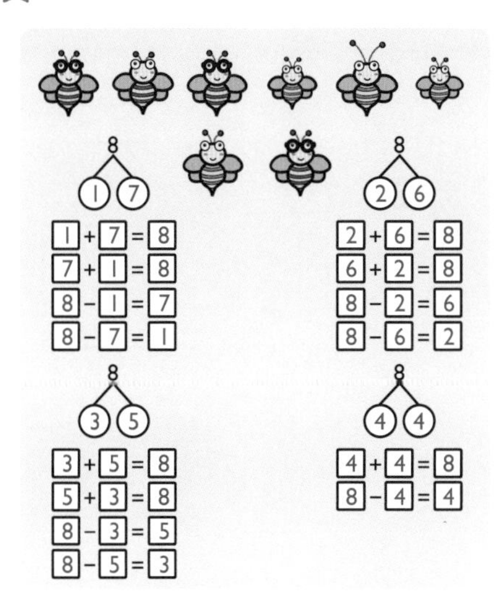

第 63 頁

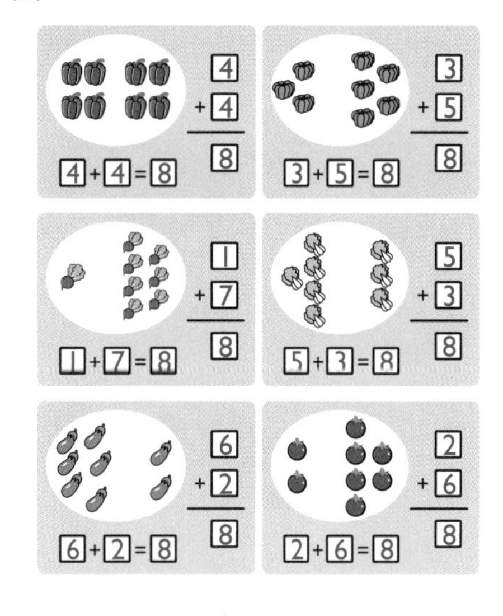

第 64 頁

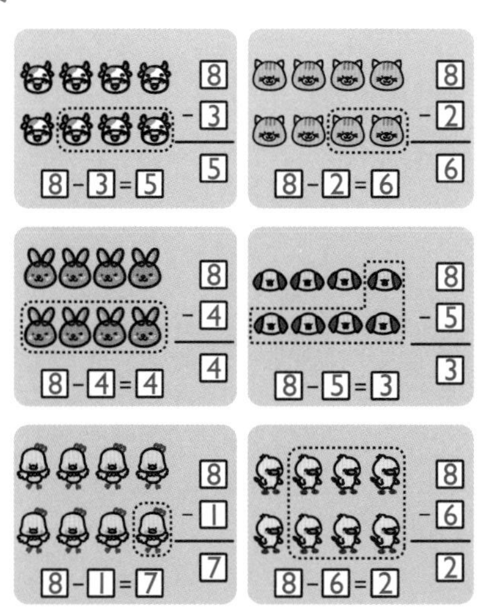

第 65 頁

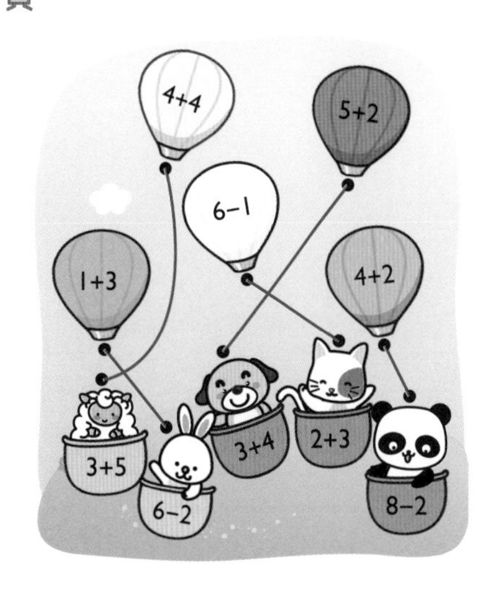

第 66 頁

第 67 頁

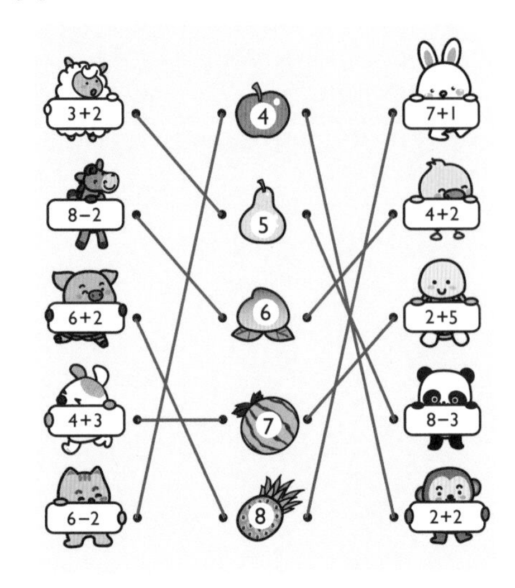

第 68 頁

第 69 頁

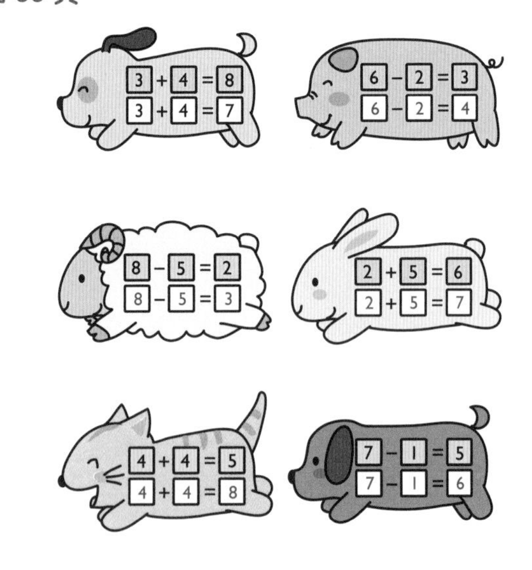

第 70 頁

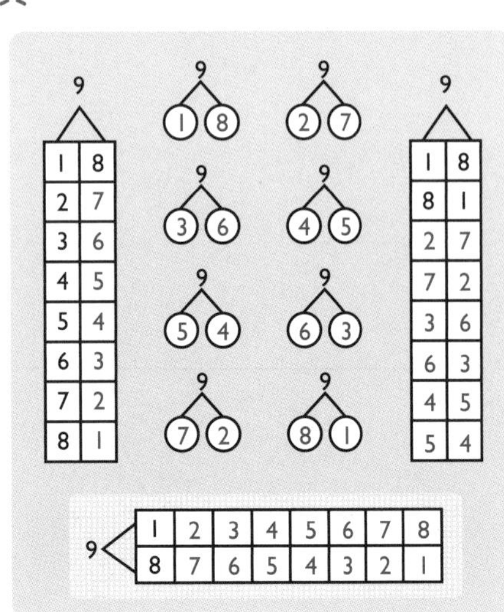

第 71 頁

第 72 頁

第 73 頁

第 74 頁

第 75 頁

第 76 頁

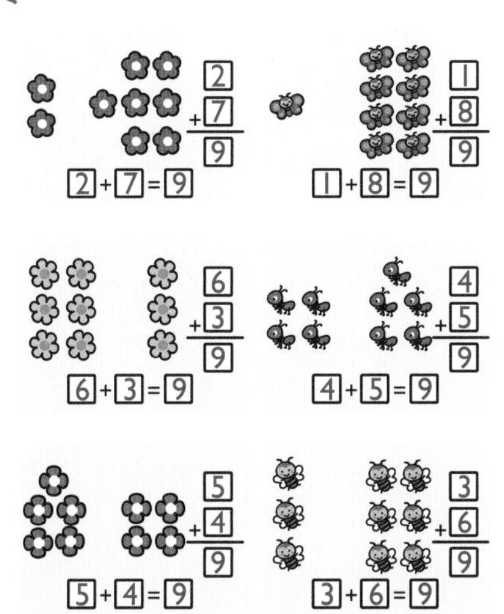

第 77 頁

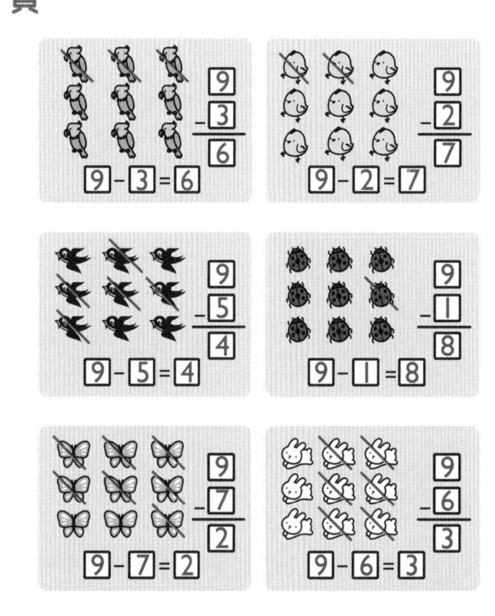

第 78 頁

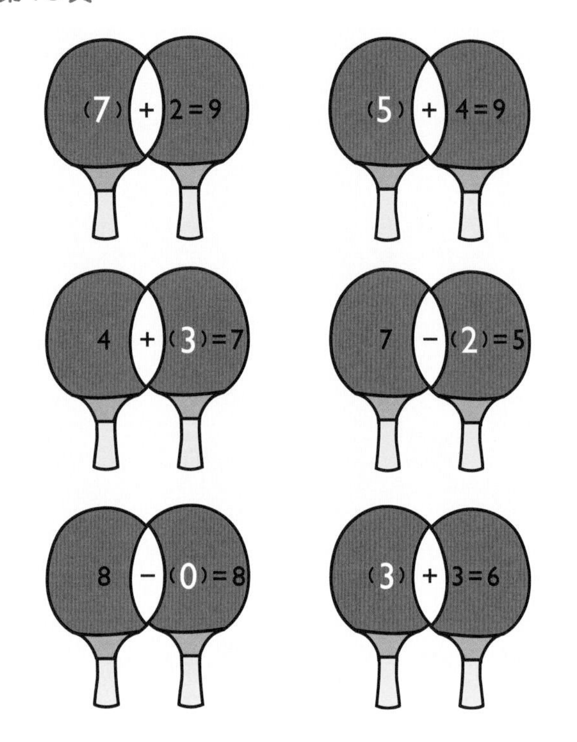

第 79 頁

第 80 頁

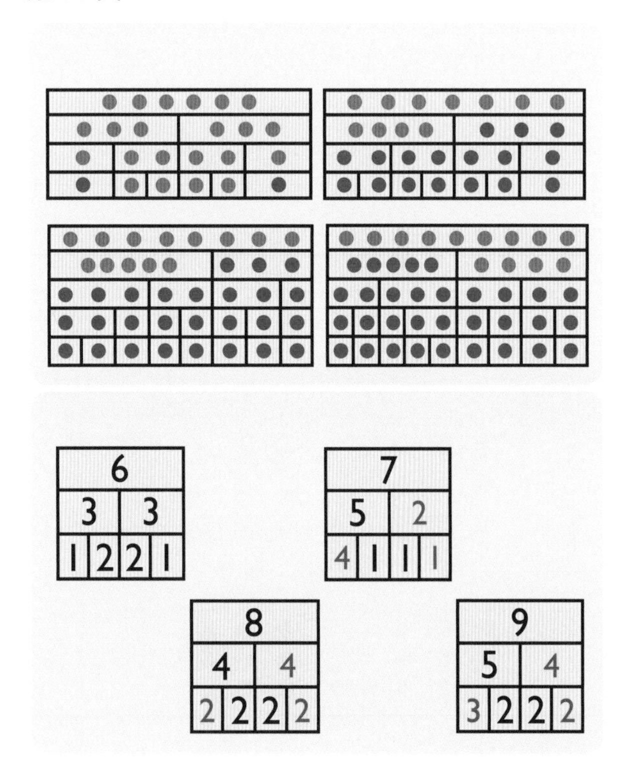

第 81 頁

第 82 頁

第 83 頁

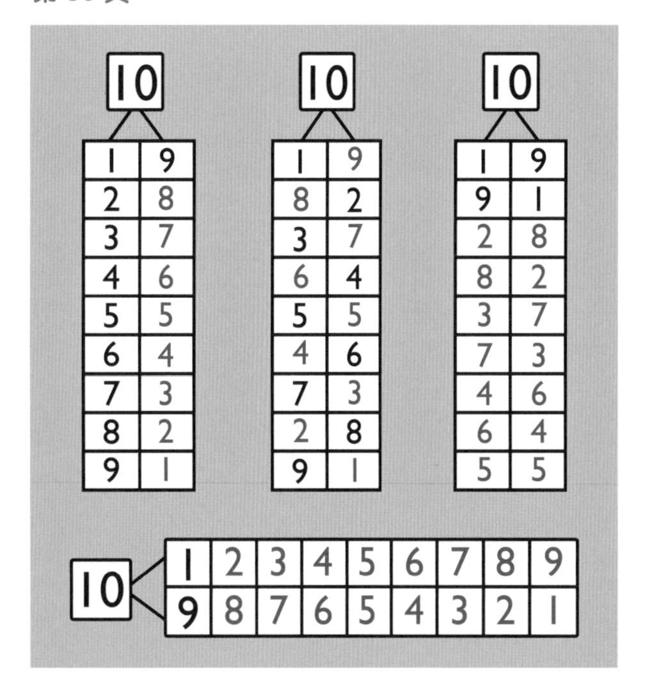

第 84 頁

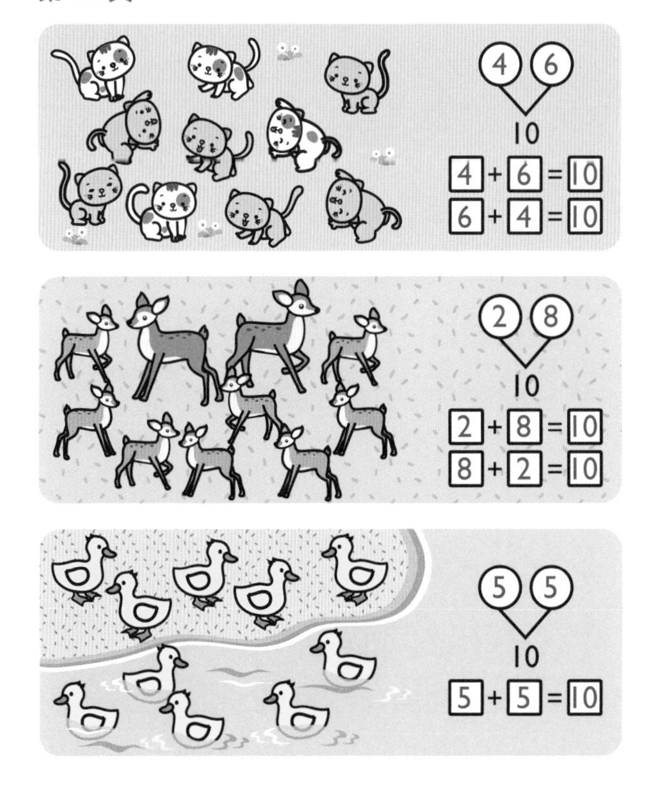

第 85 頁

第 86 頁

第 87 頁

第 88 頁

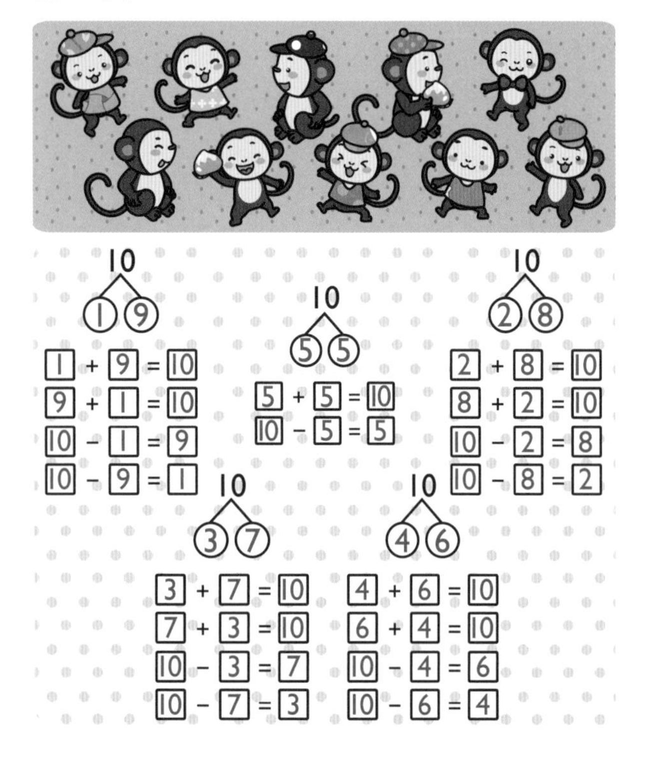

第 89 頁

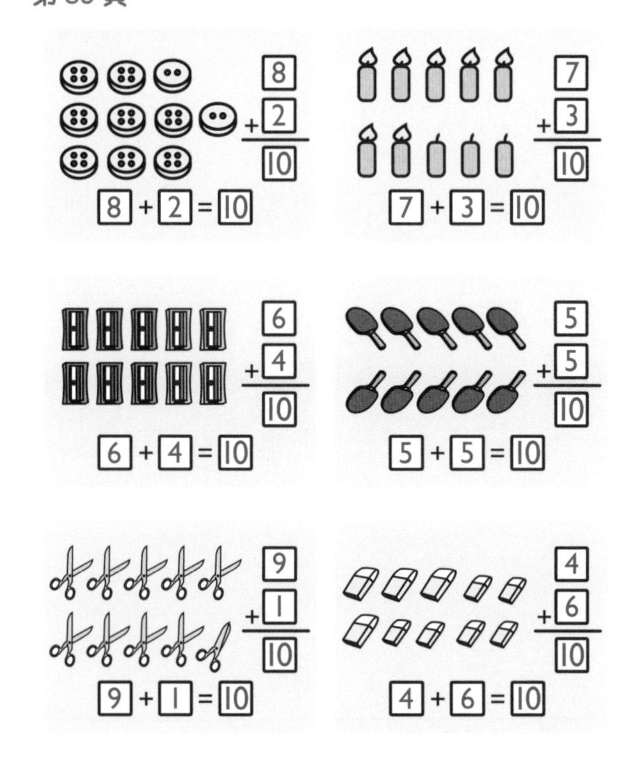

第 90 頁

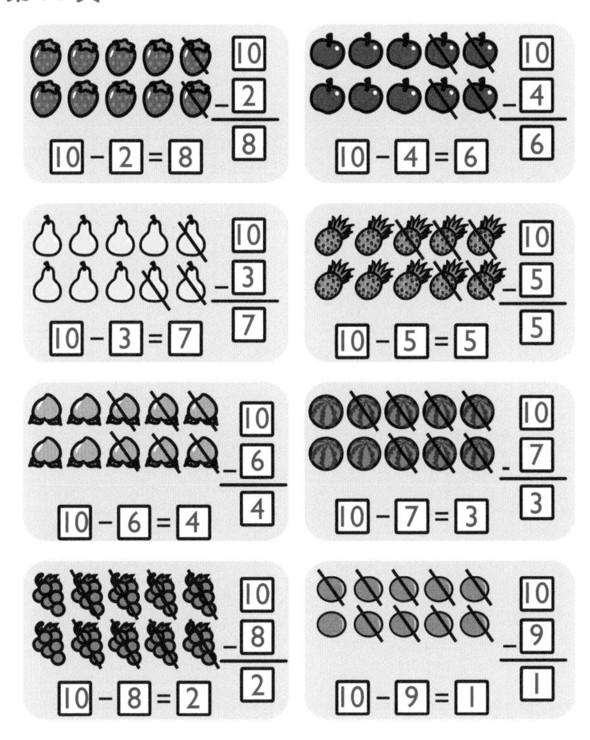

第 91 頁

第 92 頁

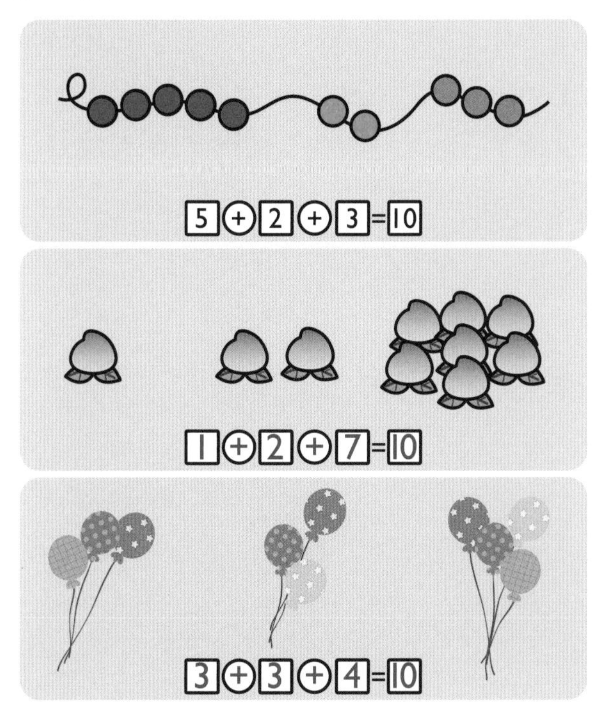

第 93 頁

第 94 頁

第 95 頁

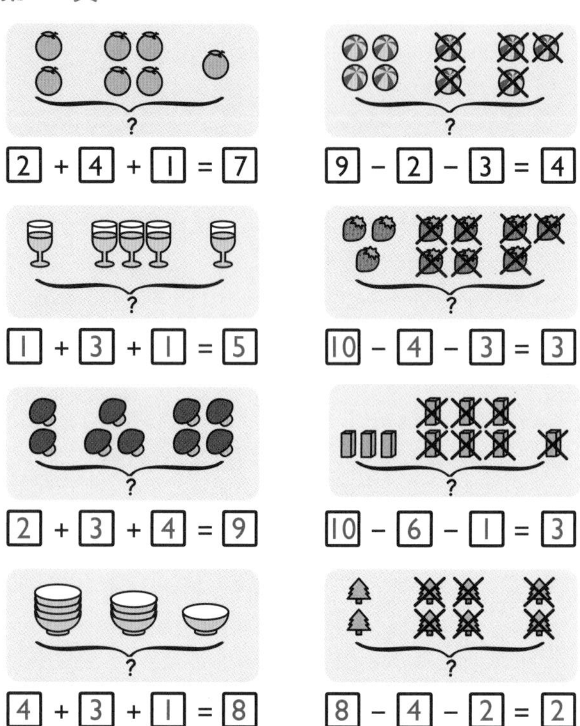

第 96 頁

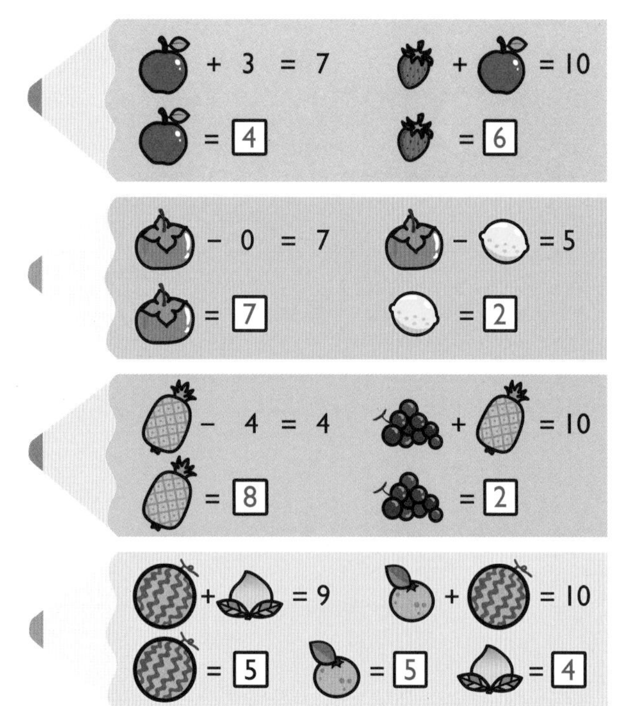